BRINCADEIRAS INFANTIS NAS AULAS DE MATEMÁTICA

KÁTIA STOCCO SMOLE
Doutoranda em Educação – área de ciências e matemática – pela FEUSP.
Coordenadora do Mathema.

MARIA IGNEZ DE SOUZA VIEIRA DINIZ
Doutora em Matemática do Instituto de Matemática e Estatística da USP.
Coordenadora do Mathema.

PATRÍCIA TEREZINHA CÂNDIDO
Licenciada e Bacharel em Matemática pela PUC/SP.
Pesquisadora do Mathema.

S666b Smole, Kátia Stocco.
Brincadeiras infantis nas aulas de matemática / Kátia Stocco Smole, Maria Ignez Diniz, Patrícia Cândido. – Porto Alegre : Penso, 2000.
84 p. : il. color. ; 21x28 cm. – (Matemática de 0 a 6, v.1)

ISBN 85-8429-006-0

1. Educação. 2. Matemática. I. Diniz, Maria Ignez. II. Cândido, Patrícia. III. Título.

CDU 37:51-053.2

Catalogação na publicação: Poliana Sanchez de Araujo CRB10/2094

BRINCADEIRAS INFANTIS NAS AULAS DE MATEMÁTICA

MATEMÁTICA DE 0 A 6

KÁTIA STOCCO SMOLE
MARIA IGNEZ DINIZ
PATRÍCIA CÂNDIDO

Reimpressão 2014

2000

© Penso Editora Ltda., 2000

Capa: *T@t studio*

Preparação do original: Elisângela Rosa dos Santos

Supervisão editorial

Projeto gráfico

Editoração eletrônica

artmed®
EDITOgRÁFICA

Reservados todos os direitos de publicação, em língua portuguesa, à
PENSO EDITORA LTDA., uma empresa do GRUPO A EDUCAÇÃO S.A.
Av. Jerônimo de Ornelas, 670 – Santana
90040-340 Porto Alegre RS
Fone (51) 3027-7000 Fax (51) 3027-7070

É proibida a duplicação ou reprodução deste volume, no todo ou em parte,
sob quaisquer formas ou por quaisquer meios (eletrônico, mecânico, gravação,
fotocópia, distribuição na Web e outros), sem permissão expressa da Editora.

SÃO PAULO
Av. Embaixador Macedo Soares, 10.735 – Pavilhão 5 – Cond. Espace Center
Vila Anastácio – 05095-035 – São Paulo SP
Fone (11) 3665-1100 Fax (11) 3667-1333

SAC 0800 703-3444 – www.grupoa.com.br
IMPRESSO NO BRASIL
PRINTED IN BRAZIL
Impresso sob demanda na Meta Brasil a pedido de Grupo A Educação.

Agradecimentos

Gostaríamos de agradecer às professoras da Educação Infantil dos colégios Assunção, Emilie de Villeneuve e Santo Estevam, de São Paulo, da Escola Alfa de São Paulo, das EMEI Anhanguera e EMEI Sylvio de M. Figueiredo, de São Paulo, e do Instituto Salesiano Dom Bosco, da cidade de Americana, que contribuíram bastante para a realização deste trabalho.

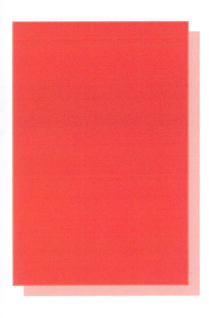

Sumário

1 Uma primeira conversa: uma proposta de matemática para a Educação Infantil 9
   A organização do espaço e o ambiente da sala de aula 11
   A natureza das atividades previstas neste trabalho 12

2 Por que brincar e as brincadeiras 13
   As brincadeiras infantis nas aulas de matemática 14
   Como propor as brincadeiras 17
      Uma conversa sobre a brincadeira 18
      Um desenho da brincadeira 18
      Um texto sobre a brincadeira 18
   Participar é importante 19
   A organização deste livro 20
   Amarelinha 21
   Bola de gude 34
   Brincadeiras com bola 44
   Brincadeiras com corda 54
   Brincadeiras de perseguição 65
   Brincadeiras de roda 72
   Outras brincadeiras 80

   Para encerrar 85
   Quadro de livros 87
   Referências bibliográficas 89

Uma Primeira Conversa: Uma Proposta de Matemática para a Educação Infantil

s preocupações com um ensino de matemática de qualidade desde a Educação Infantil são cada vez mais frequentes e são inúmeros os estudos que indicam caminhos para fazer com que o aluno dessa faixa escolar tenha oportunidades de iniciar de modo adequado seus primeiros contatos com essa disciplina.

É sabido, por exemplo, que o conhecimento matemático não se constitui num conjunto de fatos a serem memorizados; que aprender números é mais do que contar, muito embora a contagem seja importante para a compreensão do conceito de número; que as ideias matemáticas que as crianças aprendem na Educação Infantil serão de grande importância em toda a sua vida escolar e cotidiana.

Uma proposta de trabalho de matemática para a Educação Infantil deve encorajar a exploração de uma grande variedade de ideias matemáticas, não apenas numéricas, mas também aquelas relativas à geometria, às medidas e às noções de estatística, de forma que as crianças desenvolvam e conservem com prazer uma curiosidade acerca da matemática, adquirindo diferentes formas de perceber a realidade.

Uma proposta assim incorpora contextos do mundo real, as experiências e a linguagem natural da criança no desenvolvimento das noções matemáticas, sem, no entanto, esquecer que a escola deve fazer o aluno ir além do que parece saber, deve tentar compreender como ele pensa, que conhecimentos traz de sua experiência no mundo e fazer as interferências no sentido de levar cada aluno a ampliar progressivamente suas noções matemáticas.

É preciso, ainda, reconhecer que os alunos precisam de um tempo considerável para desenvolver os conceitos e as ideias matemáticas trabalhados pela escola e também para acompanhar encadeamentos lógicos de raciocínio e comunicar-se matematicamente. Isso significa que nas aulas de matemática da Educação Infantil o contato constante e planejado com as noções matemáticas em diferentes contextos, ao longo de um ano e de ano para ano, é essencial.

Pensar desse modo significa acreditar que a compreensão requer tempo vivido e exige um permanente processo de interpretação, pois assim a criança terá oportunidade de estabelecer relações, solucionar problemas e fazer reflexões para desenvolver noções matemáticas cada vez mais complexas.

Há diversos caminhos possíveis a serem trilhados quando desejamos organizar na escola uma proposta com tais preocupações. Em nosso caso, temos optado por elaborar um conjunto de ações didáticas que não apenas levem os alunos da Educação Infantil a desenvolver noções e conceitos matemáticos, mas que também privilegiem a percepção do aluno por inteiro. Nessa perspectiva, a criança deve ser vista como alguém que tem ideias próprias, sentimentos, vontades, que está inserida numa cultura, que pode aprender matemática e que precisa ter possibilidades de desenvolver suas diferentes competências cognitivas.

Por esse motivo, nossa proposta didática está fundamentada, entre outras coisas, na crença de que para além de habilidades linguísticas e lógico-matemáticas é necessário que os alunos da Educação Infantil tenham chance de ampliar suas competências[1] espaciais, pictóricas, corporais, musicais, interpessoais e intrapessoais. Ao mesmo tempo, cremos que tais competências, quando contempladas nas ações pedagógicas, servem como rotas ou caminhos diversos para que os alunos possam aprender matemática.

Isto implica uma orientação do ensino que incorpora atividades que envolvem toda a gama de competências do aluno. Um exemplo disso é a preocupação em incorporar atividades que exijam o corpo da criança em ação e a reflexão sobre os movimentos realizados. Isso significa que, ao mesmo tempo que propiciamos o desenvolvimento da competência corporal, podemos usar essa competência como porta de entrada para outras reflexões mais elaboradas envolvendo contagens, comparações, medições e representações através da fala ou de desenhos.

Destacamos também que, em nossa concepção de trabalho, para que a aprendizagem ocorra ela deve ser significativa,[2] exigindo que:

- seja vista como a compreensão de significados;
- relacione-se com experiências anteriores, vivências pessoais, outros conhecimentos;
- permita a formulação de problemas de algum modo desafiantes que incentivem o aprender mais;
- permita o estabelecimento de diferentes tipos de relações entre fatos, objetos, acontecimentos, noções, conceitos, etc.;
- permita modificações de comportamentos;
- permita a utilização do que é aprendido em diferentes situações.

Falar em aprendizagem significativa é assumir que aprender possui um caráter dinâmico, exigindo que as ações de ensino se direcionem para que os alunos aprofundem e ampliem os significados que elaboram mediante suas participações nas ati-

---

[1] Sobre isso, ver Smole, Kátia Cristina Stocco. *A matemática na educação infantil: a teoria das inteligências múltiplas na prática escolar.* Porto Alegre: Artes Médicas Sul, 1996.

[2] Sobre isso, ver Coll, Cesar. *Aprendizagem escolar e construção do conhecimento.* Porto Alegre: Artes Médicas Sul, 1994.

vidades de ensino e aprendizagem. Nessa concepção, o ensino é um conjunto de atividades sistemáticas cuidadosamente planejadas, nas quais o professor e o aluno compartilham parcelas cada vez maiores de significados com relação aos conteúdos do currículo escolar, ou seja, o professor guia suas ações para que o aluno participe em tarefas e atividades que o façam se aproximar cada vez mais dos conteúdos que a escola tem para lhe ensinar.

No entanto, esse planejar deve ser flexível e aberto a novas perguntas e a diferentes interesses daqueles estabelecidos inicialmente e que podem modificar momentaneamente os rumos traçados, mas que garantem o ajuste essencial para sincronizar o caminhar do ensino com o da aprendizagem.

A organização do espaço e o ambiente da sala de aula

Sem dúvida, o trabalho em classe tem uma importância bastante grande no desenvolvimento da proposta que apresentamos aqui, pois é nesse espaço que acontecem encontros, trocas de experiências, discussões e interações entre as crianças e o professor. Também é nesse espaço que o professor observa seus alunos, suas conquistas e dificuldades.

Desta forma, é preciso que as crianças sintam-se participantes num ambiente que tenha sentido para elas, para que possam se engajar em sua própria aprendizagem. O ambiente da sala de aula pode ser visto como uma oficina de trabalho de professores e alunos, podendo transformar-se num espaço estimulante, acolhedor, de trabalho sério, organizado e alegre.

Sabemos que enquanto vive em um meio sobre o qual pode agir, discutir, decidir, realizar e avaliar com seu grupo, a criança adquire condições e vive situações favoráveis para a aprendizagem. Por isso, o espaço da classe deve ser marcado por um ambiente cooperativo e estimulante para o desenvolvimento dos alunos, bem como deve fornecer a interação entre diferentes significados que os alunos apreenderão ou criarão das propostas que realizarem e dos desafios que vencerem. Nesse sentido, os grupos de trabalho tornam-se indispensáveis, assim como diferentes recursos didáticos.

O ambiente proposto é um ambiente positivo, que encoraja os alunos a propor soluções, explorar possibilidades, levantar hipóteses, justificar seu raciocínio e validar suas próprias conclusões. Dessa forma, nesse ambiente, os erros fazem parte do processo de aprendizagem, devendo ser explorados e utilizados de maneira a gerar novos conhecimentos, novas questões, novas investigações, num processo permanente de refinamento das ideias discutidas.

Para finalizar nossas considerações sobre a organização do espaço e do ambiente, sublinhamos o papel da comunicação entre os envolvidos no processo de trabalho da classe. A comunicação define a situação que vai dar sentido às mensagens trocadas. A comunicação não consiste apenas na transmissão de ideias e fatos, mas, principalmente, em oferecer novas formas de ver essas ideias, de pensar e relacionar as informações recebidas de modo a construir significados. Explorar, investigar, descrever, representar seus pensamentos, suas ações são procedimentos de comunicação que devem estar implícitos na organização do ambiente de trabalho com a classe.

Exatamente porque representar, ouvir, falar, ler, escrever são competências básicas de comunicação, essenciais para a aprendizagem de qualquer conteúdo em qualquer tempo, sugerimos que o ambiente previsto para o trabalho contemple momentos para produção e leitura de textos, trabalhos em grupo, jogos, elaboração de representações pictóricas e a elaboração e leitura de livros pelas crianças. Variando os processos e as formas de comunicação, ampliamos a possibilidade de significação para uma ideia surgida no contexto da classe. A ideia de um aluno, quando colocada em evidência, provoca uma reação nos demais, formando uma rede de interações e permitindo que diferentes inteligências se mobilizem durante a discussão.

O trabalho do professor, nessa perspectiva, não consiste em resolver problemas e tomar decisões sozinho. Ele anima e mantém a rede de conversas e coordena ações. Sobretudo, ele tenta discernir, durante as atividades, as novas possibilidades que poderiam abrir-se à classe, orientando e selecionando aquelas que favoreçam a aproximação dos alunos aos objetivos traçados e à busca por novos conhecimentos.

A natureza das atividades previstas neste trabalho

Procuramos propor atividades nas quais os alunos possam ter iniciativa de começar a desenvolvê-las de modo independente e sintam-se capazes de vencer as dificuldades com as quais se defrontarem. Isto permite que eles percebam seu progresso e sintam--se estimulados a participar ativamente. Progressivamente, e de acordo com o desempenho dos alunos, as atividades tornam-se mais e mais complexas.

Estimular a criança a controlar e corrigir seus erros, seus avanços, rever suas respostas possibilita a ela descobrir onde falhou ou teve sucesso e por que isso ocorreu. A consciência dos acertos, erros e lacunas permite ao aluno compreender seu próprio processo de aprendizagem, desenvolvendo sua autonomia para continuar a aprender. As atividades selecionadas para o presente trabalho devem prever tais possibilidades.

Todas as tarefas propostas nas atividades requerem uma combinação de competências para serem executadas e variam entre situações relativamente direcionadas pelo professor e outras onde as crianças podem agir livremente, decidindo o que fazer e como. Em todas as situações, tanto as colocações do professor quanto as dos alunos podem ser questionadas, havendo um clima de trabalho que favorece a participação de todos e a elaboração de questões por parte dos alunos. Isso só ocorre se todos os membros do grupo respeitarem e discutirem as ideias uns dos outros. As crianças devem perceber que é bom ser capaz de explicar e justificar seu raciocínio e que saber como resolver um problema é tão importante quanto obter sua solução.

Esse processo exige que as atividades contemplem oportunidades para as crianças aplicarem sua capacidade de raciocínio e justificarem seus próprios pensamentos durante a busca por resolver os problemas que se colocam.

Acreditamos que desde a escola infantil as crianças podem perceber que as ideias matemáticas encontram-se inter-relacionadas e que a matemática não está isolada das demais áreas do conhecimento. Assim, as atividades organizadas para o trabalho não deveriam abordar apenas um aspecto da matemática de cada vez, e não poderiam ser uma realização esporádica.

Desta forma, cremos que as crianças não apenas devam estar em contato permanente com as ideias matemáticas, mas, também, que as atividades, sempre que possível, devem estar interligando diferentes áreas do conhecimento, como acontece, por exemplo, com as brincadeiras infantis.

Por Que Brincar e as Brincadeiras

O encanto natural de crianças de todas as idades e realidades sociais pelo brincar nos fez pensar em utilizar as brincadeiras nas aulas de matemática.

Observando as crianças, lendo sobre como elas aprendem, buscando formas de tornar mais significativa e prazerosa sua aprendizagem matemática, fomos nos convencendo cada vez mais da importância das brincadeiras e percebendo que elas se constituíam na possibilidade de as crianças desenvolverem muito mais do que noções matemáticas. Enquanto brinca, o aluno amplia sua capacidade corporal, sua consciência do outro, a percepção de si mesmo como um ser social, a percepção do espaço que o cerca e de como pode explorá-lo. Daí nasceu o livro, que traz sugestões para o uso das brincadeiras nas aulas de matemática com crianças da escola infantil.

Brincar é tão importante e sério para a criança como trabalhar é para o adulto. Isso explica por que encontramos tanta dedicação da criança em relação ao brincar. Brincando ela imita gestos e atitudes do mundo adulto, descobre o mundo, vivencia leis, regras, experimenta sensações.

Antigamente, a brincadeira estava garantida pelo espaço nas casas, nas ruas, nos parques. Hoje as crianças vêm sistematicamente perdendo o espaço, especialmente para o brincar coletivo. Se eram comuns brincadeiras de corda, bola, bola de gude, pegador e outras, nas ruas e quintais, atualmente elas já não têm lugar nos condomínios e apartamentos ou não podem ser feitas por crianças que, fora da escola, têm que trabalhar cada vez mais cedo ou realizar uma enorme quantidade de atividades extracurriculares.

Coincidência ou não, tem sido mais frequente a reclamação por parte dos professores sobre alunos que não conseguem se concentrar, não param quietos, são desorganizados e desinteressados. Ainda que sem nenhuma pretensão de fazer uma justificativa formal, temos pensado que alguns desses problemas podem diminuir se a escola, especialmente nas séries iniciais, assumir que as brincadeiras sejam realizadas com frequência pelos alunos.

Talvez na escola ainda não tenhamos atentado para o fato de brincadeiras e jogos como amarelinha, pegador, corda terem exercido ao longo da história importante papel no desenvolvimento das crianças e, por isso, ainda estejam tão distantes de todas as aulas.

Quando brinca, a criança se defronta com desafios e problemas, devendo constantemente buscar soluções para as situações a ela colocadas. A brincadeira auxilia a criança a criar uma imagem de respeito a si mesma, manifestar gostos, desejos, dúvidas, mal-estar, críticas, aborrecimentos, etc. Se observarmos atentamente a criança brincando, constatamos que neste brincar está presente a construção de representações de si mesma, do outro e do mundo, ao mesmo tempo que comportamentos e hábitos são revelados e internalizados por meio das brincadeiras. Através do brincar a criança consegue expressar sua necessidade de atividade, sua curiosidade, seu desejo de criar, de ser aceita e protegida, de se unir e conviver com outros.

De nossa parte, acreditamos também que brincar é mais que uma atividade lúdica, é um modo para obter informações, respostas e contribui para que a criança adquira uma certa flexibilidade, vontade de experimentar, buscar novos caminhos, conviver com o diferente, ter confiança, raciocinar, descobrir, persistir e perseverar; aprender a perder percebendo que haverá novas oportunidades para ganhar. Ao brincar a criança adquire hábitos e atitudes importantes para seu convívio social e para seu crescimento intelectual e aprende a ser persistente, pois percebe que não precisa desanimar ou desistir diante da primeira dificuldade.

Qualquer adulto que observe uma criança brincando percebe que esta situação contribui para sua inserção social. Quando brincam, as crianças confrontam-se com uma variedade de problemas interpessoais e sociais: "Quem vai ser o primeiro?"; "Por que não é minha vez agora?"; "Ela não cumpriu o combinado".

Essas situações de conflito exigem que as crianças percebam que fazem parte de um grupo que deve ser respeitado, ouvido; que devem ter respeito às regras; que precisam cooperar e assumir suas responsabilidades com o sucesso ou o insucesso do que foi previamente combinado.

Brincar exige troca de pontos de vista, o que leva a criança a observar os acontecimentos sob várias perspectivas, pois sozinha ela pode dizer e fazer o que quiser pelo prazer e contingência do momento, mas num grupo, diante de outras pessoas, percebe que deve pensar aquilo que vai dizer, que vai fazer, para que possa ser compreendida. A relação com o outro, portanto, permite que haja um avanço maior na organização do pensamento do que se cada criança estivesse só.

Todos esses aspectos que consideramos até aqui são essenciais para que a criança aprenda a qualquer tempo, dentro e fora da escola.

As brincadeiras infantis nas aulas de matemática

A proposta de trabalho em matemática se baseia na ideia de que há um ambiente a ser criado na sala de aula que se caracterize pela proposição, investigação e exploração de diferentes situações-problema por parte dos alunos. Também acreditamos que a interação entre os alunos, a socialização de procedimentos encontrados para solucionar uma questão e a troca de informações são elementos indispensáveis nas aulas de matemática em todas as fases da escolaridade.

Assim, desde a escola infantil, deve ser preocupação do professor o desenvolvimento do respeito pelas ideias de todos, a valorização e discussão do raciocínio, das soluções e dos questionamentos dos alunos. Isso gera elementos para a construção de uma comunidade social e intelectual na classe e coloca a necessidade de muitas oportunidades para o trabalho em grupo, seja em duplas, trios, quartetos ou mesmo a classe toda.

A ação pedagógica em matemática organizada pelo trabalho em grupos não apenas propicia troca de informações, mas cria situações que favorecem o desenvolvimento da sociabilidade, da cooperação e do respeito mútuo entre os alunos, possibilitando aprendizagens significativas. Acreditamos que uma das formas de viabilizar um trabalho assim é utilizar brincadeiras infantis.

Há ainda dois outros fatores que nos levam a propor as brincadeiras como estratégia de trabalho em matemática, quais sejam, o reconhecimento de que atividades corporais podem se constituir numa forma, numa rota para as crianças aprenderem noções e conceitos matemáticos e que as aulas de matemática devem servir para que alunos de Educação Infantil ampliem suas competências pessoais, entre elas as corporais e as espaciais. A preocupação com a relação entre movimento corporal e aprendizagem, embora não muito difundida em nossa sociedade, é antiga e pode ser encontrada em muitos pesquisadores do desenvolvimento do conhecimento, tais como Celestin Freinet, Henri Wallon e Jean Piaget.

Freinet, na sua Pedagogia da Livre-Expressão, incluía os aspectos corporais nos seus trabalhos com alunos através das chamadas "aulas-passeio". Ele considerava produtivo fazer caminhadas diárias com os alunos para que eles observassem o espaço que os cercava. Na volta de cada "passeio" a classe trabalhava na discussão do que havia observado e produzia materiais, como textos, desenhos, pinturas e maquetes sobre suas experiências.

Wallon considerava que o pensamento da criança se constitui em paralelo à organização de seu esquema corporal e na criança pequena o pensamento só existe na interação de suas ações físicas com o ambiente. Segundo Wallon, antes do aparecimento da fala a criança se comunica com o ambiente através de uma linguagem corporal e utiliza o corpo como uma ferramenta para se expressar, seja qual for o nível evolutivo ou o domínio linguístico em que se encontre.

Piaget também apresentou uma análise da questão entre corpo e aprendizagem e estudou amplamente as inter-relações entre a motricidade e a percepção. Para Piaget, o movimento constrói um sistema de esquemas de assimilação e organiza o real a partir de estruturas espaçotemporais. Em Piaget encontramos que as percepções e os movimentos, ao estabelecerem relação com o meio exterior, elaboram a função simbólica que gera a linguagem, e esta dá origem à representação e ao pensamento.

Piaget realça ainda a importância dos aspectos corporais na formação da imagem mental e na representação imagética. Segundo ele, o vivido, integrado pelo movimento e, portanto, introjetado no corpo do indivíduo, reflete toda uma relação com o meio que, valorizando as regras e as representações psicológicas do mundo, dá lugar à linguagem.

Para esses autores os movimentos comunicativos dos gestos, da postura e das expressões faciais são linguagens de sinais que as crianças aprendem a interpretar já nos primeiros anos de vida e que podem aprimorar com o passar do tempo, se não forem inibidas pelas imposições da linguagem oral.

Para além das manifestações de expressão e do desenvolvimento da linguagem oral e corporal, o próprio desenvolvimento da noção de espaço está envolvido em atividades que propiciem movimento para a criança. Isto porque o corpo é o primeiro espaço que a criança conhece e reconhece e as explorações do espaço externo a ela própria são primeiramente feitas a partir do corpo.

Noções como proximidade, separação, vizinhança, continuidade estão numa série de qualidades que se organizam numa relação de pares de oposição tais como: perto/longe; parte/todo; dentro/fora; pequeno/grande. O espaço para a criança vai tomando forma e sendo elaborado de acordo com as explorações que faz do mundo que a rodeia. A própria geometria, num primeiro momento, pode ser vista como imagens que se percebem através dos movimentos; portanto, podemos dizer que a primeira geometria é constituída pelo corpo.

A criança organiza a relação corpo-espaço, verbaliza-a e chega assim a um corpo orientado que lhe servirá de padrão para situar os objetos colocados no espaço ao seu redor, e a orientação dos objetos faz-se, para a criança, em função da posição atual do seu próprio corpo. Esta primeira estabilização perceptiva é o trampolim indispensável sem o qual a estruturação do espaço não pode efetuar-se.

A ampliação da noção de espaço faz com que a orientação corporal da criança evolua e a possibilidade de estabelecer uma coerência entre os objetos e de poder efetuar operações com eles – movimentá-los, situá-los, percebê-los espacialmente – passa pela orientação do próprio corpo, continuado por um sistema de eixos, vertical e horizontal. Estes eixos servem de base para a constituição de um universo estável e exterior, no qual o sujeito se situa entre todos os outros objetos.

Nesse sentido, poderíamos afirmar que não há espaço que se configure sem envolvimento do esquema corporal, assim como não há corpo que não seja espaço e que não ocupe um espaço. O espaço é o lugar no qual o corpo pode mover-se. O corpo é o ponto em torno do qual se organiza o espaço.

A imagem que a criança vai fazendo de seu próprio corpo configura-se pouco a pouco e é o resultado e a condição da existência de relações entre o indivíduo e seu meio. A criança faz a análise do espaço primeiro com seu corpo, antes de fazê-la com os olhos, para acabar por fazê-la com a mente.

Essas reflexões sobre a função corporal na formação do conhecimento, da expressão corporal como linguagem e da importância da consciência sobre o próprio corpo para a formação da noção de espaço nos permitem afirmar que não há lugar na matemática para um aluno "sem corpo". Especialmente nas séries iniciais da escola, onde estão as gêneses de todas as representações, de todas as noções, conceitos prévios e conceitos que mais tarde trarão a possibilidade de a criança apreender a beleza da matemática como instrumento de leitura do mundo, como jogo e como ciência. É preciso que as capacidades corporal-cinestésica e espacial sejam estimuladas e utilizadas pelas crianças para que elas possam conhecer e manifestar-se sobre o que conhecem. Desta forma, para as aulas de matemática a valorização das brincadeiras infantis significa a conquista de um forte aliado nos processos de construção e expressão do conhecimento e permite ao observador atento interpretar as sensações, os avanços e as dificuldades que cada criança tem na construção e expressão do seu saber.

Em matemática, utilizar as brincadeiras infantis como um tipo de atividade frequente significa abrir um canal para explorar ideias referentes a números de modo bastante diferente do convencional.

De fato, enquanto brinca, a criança pode ser incentivada a realizar contagens, comparação de quantidades, identificar algarismos, adicionar pontos que fez durante a brincadeira, perceber intervalos numéricos, isto é, iniciar a aprendizagem de conteúdos relacionados ao desenvolvimento do pensar aritmético.

Por outro lado, brincar é uma oportunidade para perceber distâncias, desenvolver noções de velocidade, duração, tempo, força, altura e fazer estimativas envolvendo todas essas grandezas.

No entanto, o eixo de conteúdos que pode ser mais ricamente explorado no trabalho com as brincadeiras infantis é a geometria, que sempre estará presente nas atividades que requerem noções de posição no espaço, de direção e sentido, discriminação visual, memória visual e formas geométricas. Esse aspecto poderá ser percebido claramente na descrição das brincadeiras, especialmente através das produções de crianças que em seus desenhos e textos revelam a riqueza de percepções geométricas que desenvolvem dentro da situação de cada brincadeira.

Como propor as brincadeiras

Pensamos que a brincadeira, para ser útil para as crianças, deve conter alguma coisa interessante e desafiadora para elas resolverem; permitir que todos os jogadores possam participar ativamente e desencadear processos de pensamento nas crianças possibilitando que elas possam se avaliar quanto a seu desempenho. Deve ter um objetivo a ser alcançado e permitir que as crianças usem estratégias, estabeleçam planos, descubram possibilidades, isto é, a brincadeira deve ser permeada por diversas situações-problema.

Há várias categorias de brincadeiras que poderiam ser apresentadas para as crianças de Educação Infantil. Tais categorias se diferenciam pelo uso do material ou dos recursos predominantemente envolvidos no ato de brincar. Neste livro e para o trabalho de matemática, vamos nos valer apenas de uma dessas categorias, qual seja, as brincadeiras com regras e, em particular, aquelas de tradição oral que envolvem o corpo, tais como as de roda, corda, amarelinha, ou objetos, como bola de gude e boliche.

Talvez pudéssemos ter feito outra escolha, mas neste momento acreditamos que essas brincadeiras são mais adequadas ao tipo de trabalho que desejamos fazer e mais diretamente relacionadas a noções e conceitos que desejamos desenvolver. Brincar de faz-de-conta por exemplo, deveria ficar exclusivamente destinado a outros momentos das atividades escolares.

As brincadeiras são apresentadas das variações mais simples até as mais complexas e não precisam ser esgotadas as de um mesmo tipo para se iniciar as de outro. O importante é que o professor leia o trabalho todo e vá selecionando aquelas que são mais adequadas à sua turma, podendo trabalhar com dois tipos de brincadeiras por semana.

É importante também que o professor abra espaço para brincadeiras que as próprias crianças ou ele mesmo conheçam ou queiram inventar.

Tendo em vista a importância da comunicação nessa proposta de trabalho, é fundamental que o professor preveja sempre algum tipo de conversa ou registro sobre a atividade realizada.

Os registros usados nas brincadeiras têm um papel importante como auxiliares na comunicação oral e escrita a que nos referimos anteriormente. Mais que isso, permitem às crianças estabelecer relações entre suas noções informais e as noções matemáticas envolvidas na brincadeira.

Enquanto brincam, muitas vezes as crianças não têm consciência do que estão aprendendo, do que foi exigido delas para realizar os desafios envolvidos na atividade. Por isso, pedir que alguma forma de registro seja feita após a brincadeira faz com que os alunos reflitam sobre suas ações e permite ao professor perceber se eles observaram, aprenderam e se apropriaram dos aspectos mais relevantes que foram estabelecidos como metas ao se planejar a brincadeira escolhida.

Os alunos comunicam suas percepções quando a eles são dadas diferentes oportunidades para fazer representações, para discutir se as representações refletem o que pensaram, o que compreenderam, como agiram ou que dúvida tiveram.

Os tipos de registros sobre a brincadeira que sugerimos podem ser na forma oral, através de desenho ou texto.

Uma conversa sobre a brincadeira

Oportunidades para falar na classe dão aos alunos chance de conectar suas experiências pessoais com as dos colegas, refletir sobre o significado das ações que realizaram, avaliar seu desempenho, ao mesmo tempo que ampliam seu vocabulário e sua competência linguística.

Este é o momento no qual, acabada a brincadeira, o professor senta em círculo com os seus alunos e conversa com eles sobre a atividade: "Como foi brincar?", "Quem gostou e por quê?", "O que foi fácil?", "O que foi difícil?", "Quem não gostou?", "Todos brincaram adequadamente?", "O que poderia ser melhor?", "Todos respeitaram as regras?", "Quais eram as regras?".

O professor aproveita para falar sobre cooperação, vencedor, perdedor, respeito ao que foi combinado. Também é aqui que se propõe um plano de quando voltarão a brincar novamente. Nesse momento é fundamental que todos sejam estimulados a falar e a ouvir quem fala, para que o professor possa organizar ou registrar se a brincadeira foi prazerosa, se deve trocar por outra, que crianças não se mostraram envolvidas e por quê.

Nessa hora podemos observar também se os alunos utilizam conceitos e noções que se expressam através da linguagem, como a mais, a menos, longe, perto, rápido, lento. Dessa forma, as crianças fornecem indícios de se e como estão se apropriando das noções matemáticas envolvidas na brincadeira.

Um desenho da brincadeira

Este é um recurso adequado para podermos auxiliar a criança a registrar o que fez, o que foi significativo, tomar consciência de suas percepções. O desenho de uma experiência é uma atividade para documentar vivências e tudo que nelas for significativo: alegrias, perdas, dúvidas, percepções. O desenho dará ao professor a percepção de que aspecto da brincadeira cada aluno desenhista percebeu com mais força.

A criança desenha e cria porque brinca. Para ela, a mesma concentração de corpo inteiro exigida no brincar aparece no desenhar. Nesse sentido, o corpo inteiro está presente na ação, "concentrado na pontinha do lápis", e a ponta do lápis funciona como uma ponte de comunicação entre o corpo e o papel.

Sabemos também que o desenho para registrar uma vivência é muito significativo para a criança na Educação Infantil porque é a sua primeira linguagem de expressão e comunicação de suas percepções do mundo.

À medida que se oferece à criança a oportunidade de representar pictoricamente suas vivências e compartilhar os registros entre seus pares, parece que começa a perceber a necessidade de caminhar para traços mais precisos, mais sofisticados. Esse processo de tentar encontrar uma maneira mais precisa e prática de representação será importante para a posterior elaboração e compreensão da linguagem matemática.

Um texto sobre a brincadeira

Sabemos ser imprescindível que todos os alunos saiam da escola como pessoas que escrevem e utilizam a escrita adequadamente. Para isso, uma das ações que podemos realizar é criar situações de contato, exploração e reflexão envolvendo a produção de textos que permitam aos alunos se apropriarem da escrita, de seus códigos e de suas funções.

Essa, sem dúvida, já seria uma razão para propormos a produção de textos como forma de registro nas aulas de matemática, no entanto, há outras.

Escrever sobre uma atividade auxilia os alunos a organizar suas reflexões, registrar suas dúvidas, incompreensões e aprendizagens. O texto elaborado após a atividade serve para registrar suas percepções sobre as brincadeiras. Ele pode ser feito coletivamente ou, se os alunos já escrevem, individualmente. Caso não saibam escrever, o professor assumirá o papel de escriba, mas quem cria o texto são os alunos.

Primeiramente, o professor faz uma lista das ideias referentes à brincadeira realizada, que servirá como fio norteador da escrita. Depois, convida as crianças para ajudarem na elaboração do texto, durante a qual intervém propondo discussões sobre a organização das ideias, a pontuação e a ortografia das palavras. Além disso, o professor deve estar atento para que as informações que aparecem no texto sejam explicitadas de forma clara e coerente com a ordem dos acontecimentos. Ao final, o texto é lido para que as crianças possam retomar o que foi relatado, verificar se todas as informações já foram discutidas e se tudo que desejam relatar aparece no texto.

Finalmente, é feita uma matriz do texto que cada criança assina. Posteriormente, são distribuídas cópias para que todos se apropriem do texto, que será lido em grupo.

Exemplos detalhados de registros feitos pelas crianças estão comentados em cada brincadeira.

Participar é importante

Algumas vezes, ao propor uma brincadeira, é importante que o professor participe junto com os alunos, pois, ao fazer isso demonstrando prazer, o professor será encarado pelas crianças como um companheiro mais experimentado, além de servir como modelo para elas, já que ele sabe como brincar.

Este será também um bom momento para que o professor possa ter maior conhecimento das reações do grupo e de cada criança em particular. Poderá perceber os diversos temperamentos infantis. Os dois tipos mais encontrados são o da criança tímida e o da criança dominadora.

Para a criança dominadora, que sempre deseja o papel principal, deve-se propor brincadeiras que exijam a ação conjunta, provocando nessa criança a necessidade de trabalhar em grupo como parte de um todo, como brincadeiras de roda ou com bola.

Quanto à criança tímida, o professor não deve forçar nem propor situações. Em geral, ao ver que todas participam, ela se sentirá impulsionada a experimentar e aos poucos se envolver na atividade. Um outro fator que a ajudará a sentir-se mais encorajada será a repetição da brincadeira e o seu envolvimento com os colegas.

A organização deste livro

Após essa breve introdução de fundamentação, passaremos a apresentar as brincadeiras amarelinha, bola de gude, brincadeiras com bola, brincadeiras com corda, brincadeiras de perseguição e brincadeiras de roda, nessa ordem.

Para cada tipo de brincadeira faremos uma pequena introdução, destacando sua utilização no desenvolvimento de noções matemáticas, e apresentaremos as sugestões de atividades. Também serão dadas indicações de como propor brincadeiras às crianças, sugestões de explorações, indicações de tipos de registros e apresentação de brincadeiras para as crianças, além de variações que podem ser feitas após um jogo.

Lembramos que uma brincadeira não deve ser feita apenas uma vez, sob pena de muitas crianças não terem chance de se apropriar das regras e dos vários aspectos inerentes a ela. Por isso, sugerimos que o professor proponha uma mesma atividade durante, aproximadamente, quatro a cinco semanas, uma vez por semana. Nossa prática tem mostrado que, em média, esse é o tempo adequado para permitir a compreensão das regras e para a evolução pessoal de cada criança em relação à atividade como um todo, sem que se cansem da brincadeira. Após esse período de tempo, pode-se trocar a brincadeira por outra, voltando a ela num outro momento ou, como ocorre frequentemente, deixando que os alunos brinquem sozinhos em seus horários livres.

No entanto, antes de iniciarmos as apresentações, sentimos a necessidade de enfatizar novamente dois motivos principais que nos levaram a sugerir as brincadeiras infantis nas aulas de matemática e que não podem ser esquecidos durante a utilização desse recurso pedagógico.

O primeiro deles é trazer de volta para a escola e para a criança atividades que fazem parte do patrimônio histórico-social de nossa sociedade, que quase sempre são esquecidos ou ignorados pelo trabalho da escola. O segundo, decorrente do primeiro, é inserir nas aulas uma atividade que se constitui numa fonte de alegria, prazer e, consequentemente, num forte aliado ao trabalho do professor em classe.

Mas é importante não ignorar que deve haver na escola muito espaço para o brincar livre, dc diversas maneiras diferentes, e que, sobretudo, o ato de brincar em si não pode ser jamais sufocado por qualquer exploração indevida de uma brincadeira, mesmo que ele tenha uma finalidade pedagógica.

Amarelinha

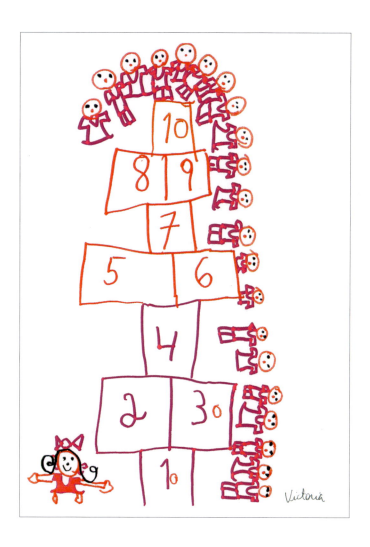

 amarelinha é conhecida também como sapata, macaca, academia, jogo da pedrinha e pula-macaco, e constitui-se basicamente em um diagrama riscado no chão, que deve ser percorrido seguindo-se algumas regras preestabelecidas. A amarelinha é uma brincadeira que desenvolve noções espaciais e auxilia diretamente na organização do esquema corporal das crianças.

A noção espacial que se forma a partir da relação da criança com o espaço está na base da formação de aspectos importantes relacionados a localização espacial, coordenação motora e lateralidade. Segundo Freire (1994), a criança saber orientar-se no jogo da amarelinha, deslocando-se ora para um lado, ora para o outro, ora para a frente, ora usando as mãos, ora os pés, significa ela poder desenvolver e utilizar sua inteligência corporal como resultado das interações realizadas entre ela, criança, com seus recursos corporais, e os elementos do meio onde brinca. Segundo Kamii (1991), a amarelinha propicia o desenvolvimento das crianças de várias maneiras, pois é um jogo que:

- estimula a comparação constante entre as ações dos jogadores;
- apresenta comparações que podem estimular anotações gráficas do desempenho de cada um para outras comparações posteriores;
- exige que os jogadores pesquisem e descubram a quantidade de força que devem usar ao jogar a pedra para acertar o alvo;
- exige a estruturação dos movimentos corporais que permitirão as ações de pular no diagrama, o que auxilia o desenvolvimento do raciocínio espacial;
- colabora para o desenvolvimento e memorização da sequência numérica.

Mais especificamente em matemática, podemos dizer que a amarelinha auxilia no desenvolvimento de noções de números, medidas e geometria. Contagem, sequência numérica, reconhecimento de algarismos, comparação de quantidades, avaliação de distância, avaliação de força, localização espacial, percepção espacial e discriminação visual são alguns conceitos e habilidades do pensamento matemático envolvidos nesse jogo.

Para melhor aproveitamento da brincadeira, propomos que antes de iniciar o jogo pela primeira vez a professora faça perguntas sobre ele aos seus alunos:

- Quem conhece a amarelinha?
- Quais os tipos de amarelinha que vocês conhecem?
- Desenhem essas amarelinhas que vocês conhecem.
- Como vocês riscam a amarelinha?
- Com o que vocês jogam amarelinha?
- Como é a brincadeira?
- Como é organizado o número de participantes?
- Quem joga primeiro?

Através desse questionamento será mais fácil direcionar o trabalho, partindo do pressuposto de que ele permitirá um contato mais direto com o conhecimento prévio do aluno. Caso os alunos conheçam um ou mais tipos de amarelinha, a professora pode fazer o trabalho que indicamos aqui a partir das sugestões dos alunos. Caso nenhuma criança conheça nada sobre a amarelinha, é possível desenvolver atividades com base no que vamos sugerir a seguir.

Na elaboração deste trabalho, optamos por apresentar algumas variações do jogo de amarelinha que coletamos em pesquisas feitas em diferentes livros e com professores e crianças de algumas escolas nas quais trabalhamos. Isto não quer dizer que apenas as formas aqui mencionadas são propícias à exploração matemática. Muito pelo contrário, a amarelinha é uma brincadeira rica e de muitas variantes, à espera de alguém que a explore.

Iniciaremos com o tipo de amarelinha mais tradicionalmente conhecido pelas pessoas. Nessa versão da brincadeira faremos alguns comentários gerais que poderão ser estendidos para todas as outras variações, tais como: quais problemas propor às crianças enquanto jogam, a importância do desenho como registro da atividade, a função das regras e como organizar a classe para jogar.

De modo geral, as amarelinhas podem ser realizadas com crianças de quatro anos em diante, mas algumas são mais indicadas para crianças a partir de seis ou sete anos. Os recursos necessários para o jogo são simples: uma pedrinha, rodela de borracha ou tampinha de garrafa para cada criança e um diagrama riscado no chão de acordo com o tipo de amarelinha.

As crianças devem ser divididas em pequenos grupos de no máximo seis e cada grupo joga em um diagrama. Essa organização evita que os jogadores esperem muito pela sua vez e se cansem da brincadeira.

Uma última observação antes de passarmos às sugestões de atividades é sobre o fato de que pular amarelinha não é simples para as crianças, que precisarão coordenar muitas ações – jogar a pedra, pular com determinados movimentos e posicionamentos dos pés, ir e voltar, lembrar de pegar a pedra, não pisar na linha, seguir a sequência numérica –; por isso, não é de um momento para o outro que as crianças começarão a pular com facilidade.

Há professores que optam por ensinar alguns movimentos básicos no diagrama e, só então, iniciar o uso da pedrinha, introduzindo as regras progressivamente. É nessa hora, para auxiliar as crianças, que o professor pode entrar na brincadeira e pular, pois, ao verem um adulto pular corretamente, as crianças ganham parâmetros, podem imitar ações e tirar dúvidas.

Amarelinha tradicional

Desenvolvimento:

- As crianças devem decidir a ordem dos jogadores, ficando a primeira de posse da pedrinha.
- Cada jogador, ao chegar a sua vez, se coloca atrás da linha de tiro, de frente para o diagrama, e atira a pedrinha na casa número 1. Aproxima-se, então, do diagrama, saltando num pé só sobre a casa número 1, onde está a pedrinha, sem pisar nela, caindo com os dois pés no 2 e no 3, com um pé só no 4 e repetindo essa sequência até chegar ao 10. Na volta, sem entrar na casa número 1 nem pisar nela, ele deve pegar a pedrinha para voltar ao lugar de onde a atirou e iniciar novamente a jogada. Deve agora arremessar a pedra à casa número 2, repetindo o mesmo processo, e assim sucessivamente até chegar à última casa ou até errar, quando então cede a sua vez ao seguinte.
- Constituem erros jogar a pedrinha fora da casa desejada ou sobre uma linha da figura; apoiar-se com os dois pés no interior de uma mesma casinha; trocar o pé de apoio durante o percurso e esquecer de pegar a pedrinha.
- Depois de cada criança ter tido sua vez, o primeiro recomeça da casa onde estava ao errar, e assim por diante, até alguém alcançar o 10.
- Vence quem terminar a amarelinha toda primeiro.

Ao propor o jogo pela primeira vez aos seus alunos, o professor pode valer-se de alguns recursos, tais como:

– colocar a classe em círculo e ir jogando com as crianças, convidando uma de cada vez para fazer o percurso sem a pedrinha;
– repetir o procedimento anterior, agora com a pedra;
– pular para as crianças verem e perguntar quem quer tentar;
– verificar no grupo quais as crianças que conhecem a amarelinha e pedir para que pulem, ensinando as outras.

Ao sugerir que os professores joguem amarelinha com seus alunos temos notado que muitos deles dizem que isto é difícil, porque os alunos não têm paciência de esperar a vez, não prestam atenção nos colegas que estão jogando, etc. Isto acontece se o professor quiser que todos fiquem quietos e em fila enquanto aguardam. Sugerimos que o professor só faça a atividade com todos os alunos juntos nos momentos de introdução das regras e de discussão do jogo, e mesmo assim os alunos devem se posicionar em semicírculo ao redor do diagrama da amarelinha. Desse modo eles observam todos os movimentos, todas as jogadas, podem fazer questionamentos e colocar suas opiniões.

A partir do momento em que as crianças já estão mais familiarizadas com a brincadeira, o professor pode desenhar de dois a quatro esquemas de amarelinha para os alunos jogarem. Em cada grupo pode ser colocado um aluno ou dois que já tenham mais conhecimento para auxiliar os demais e o professor circula entre os grupos, acompanhando as jogadas, esclarecendo dúvidas, observando os procedimentos dos alunos. Ao final de algum tempo, reúne a turma para fazer o fechamento da atividade.

Algumas das noções matemáticas que dissemos estarem presentes no jogo de amarelinha são desenvolvidas no próprio ato de jogar. Assim, o professor, ao propor o jogo para a classe, já estará propiciando que seus alunos desenvolvam ações pelas quais muitos problemas serão resolvidos no seu decorrer. No entanto, algumas outras questões podem ser propostas para ampliar o conhecimento das crianças sobre o jogo, ao mesmo tempo em que noções mais específicas de matemática são discutidas. Dessa forma, após os alunos estarem familiarizados com a amarelinha, o professor pode iniciar ou finalizar a atividade propondo problematizações do tipo:

- Por onde começamos a jogar? Por quê?
- Qual o maior número da amarelinha? E o menor?
- Quantos números tem a amarelinha?
- Quantas casas tem a amarelinha?
- Quem sabe onde está o número 5?
- Que números estão depois do 3 e antes do 7?
- Que números estão antes do 4?
- Por quais casas passamos para chegar ao 5?
- Saindo do 10, por quais casas passamos até chegar ao 2?

Estas problematizações devem ser feitas aos poucos e podem ser repetidas algumas vezes. Sugerimos que não sejam feitas problematizações enquanto as crianças jogam, para que a atividade não perca sua característica de brincadeira.

Podemos também propor algumas "provas" extras para tornar o jogo mais difícil:

- *Fazer casa*: o jogador que conseguir chegar ao fim da amarelinha fica de costas para ela e atira sua pedra para trás, tentando acertar uma "casa", que receberá a inicial de seu nome e não poderá ser pisada por nenhum outro jogador. O jogador com maior número de casas será o vencedor.
- *Pezinho*: os jogadores devem pular a amarelinha normalmente e, antes de fazer casa, devem pular de 1 a 10 com a pedra sobre um dos pés, sem deixá-la cair.
- *Mãozinha*: como a do pezinho, só que a pedra deve ficar nas costas de uma das mãos.

Os registros das crianças sobre a amarelinha

Conversando sobre o jogo: após realizar pela segunda vez a brincadeira com crianças de cinco anos, a professora reuniu seus alunos para conversar sobre as regras, como foi jogar, o que foi fácil, o que foi difícil e como poderiam melhorar nas próximas vezes em que jogassem. Veja abaixo algumas das falas dos alunos:

Profª: Agora nós vamos conversar sobre como foi para nós pular a amarelinha. Quem quiser pode falar. Vamos tentar ver o que achamos, o que foi fácil e o que foi difícil.

> **Marco**: Eu vi a gente pulando, a gente pulava nos números, eu achava difícil jogar a massinha para não errar.
> **Bianca**: Eu achei difícil trocar de pé pra cá e pra lá. Quase caí uma vez.
> **Lucas**: Eu sabia os números 1, 2, 3, 4, 5, 6, 7, 8, 9, 10, daí não foi difícil pular, só tem que ficar cuidando pra não pisar na linha e não esquecer a massinha quando voltar.
> **Ana**: Eu não consegui ir e voltar nunca!

Desenhando o jogo: A seguir mostramos uma sequência de desenhos da amarelinha feitos por uma mesma criança de cinco anos em momentos diferentes. Mostraremos que as representações pictóricas realmente evoluem se os alunos tiverem chance de brincar muitas vezes, conversar sobre a brincadeira e sobre seus próprios registros. Além disso, procuraremos mostrar como o aluno representa no desenho a ampliação da noção de espaço que vai acontecendo enquanto brinca e como o desenho reflete uma maior consciência corporal.

Esta sequência acompanha os registros de uma mesma criança, Gabriela, no período de fevereiro a outubro.

Vejamos o primeiro desenho:

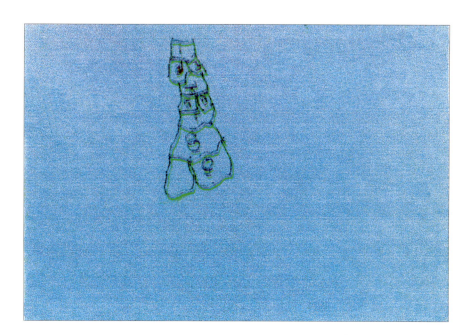

Neste primeiro desenho a criança preocupou-se apenas em tentar produzir a configuração espacial da amarelinha e os números que nela aparecem. Observe-se que há aqui um contexto natural para desenvolver o interesse da criança pelo traçado de números.

No segundo desenho, podemos notar que o diagrama parece estar mais desorganizado do que no primeiro.

Isto ocorreu porque a criança resolveu colocar também o seu nome na folha e, como o nome era longo, sua escrita gerou um problema que se constituiu em como dividir e organizar o espaço da folha para registrar simultaneamente o nome e a amarelinha.

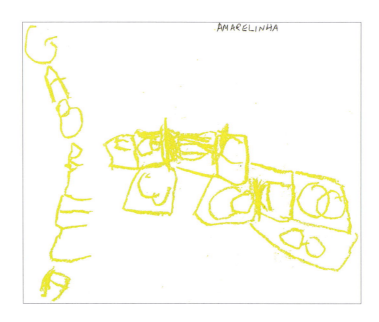

Este "problema" persistiu por muito tempo para Gabriela e se agravou quando ela resolveu representar outros elementos do espaço ao redor do diagrama da amarelinha, como o chão e as crianças jogando como pode ser visto nos dois desenhos seguintes:

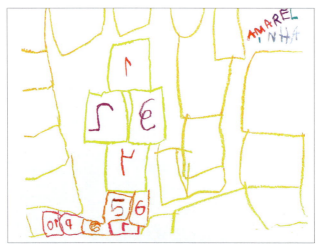

Finalmente, em outubro, quando já dominava completamente as regras do jogo, Gabriela descobriu como fazer para, no espaço que o papel lhe permitia, representar o diagrama e as pessoas, melhorando sensivelmente a ocupação do espaço para fazer seu desenho:

Embora o desenho possa parecer confuso, devemos observar quantos detalhes Gabriela acrescentou a ele, tais como as crianças (note-se a definição das figuras humanas), o quadriculado no chão e o desenho dela própria em marrom, na posição de jogar a pedra na amarelinha, destacando-se em relação às outras crianças representadas. São detalhes como estes que mostram ao professor que a criança está ampliando sua consciência corporal e seu conhecimento do espaço.

O professor poderia interferir e dizer diretamente à criança como colocar seu nome ou como desenhar a amarelinha, mas isto tiraria a possibilidade dessa rica construção do conhecimento espacial pela qual ela passou. Assim, a interferência feita foi possibilitar que, nas várias vezes em que desenharam, as crianças conversassem sobre seus desenhos, expusessem as representações que faziam, observassem e comparassem os desenhos uns com os outros, além de brincar de amarelinha muitas vezes. Acreditamos que este procedimento auxilia a criança a evoluir em suas percepções e sua representação sem, no entanto, tolher suas construções individuais.

Um outro tipo de registro da amarelinha, que utiliza o recurso do desenho, pode ser proposto após os alunos terem algum conhecimento das regras do jogo. As crianças pulam a amarelinha e ao final da brincadeira recebem um cartão, onde terão que marcar até onde conseguiram pular. A forma como este registro será feito é opção da criança. Após isso, cada uma fixa o seu cartão na sala e quando a brincadeira for proposta novamente ela recorrerá ao cartão para saber até onde pulou e continua a partir de onde errou.

Quando a brincadeira for proposta pela segunda vez os alunos pegam seus cartões logo no início do jogo para recordarem a partir de onde devem começar a pular. Este tipo de registro auxilia a criança a perceber o valor da organização, da precisão de um registro, descobrir formas mais claras e simples de fazer marcações e a função da escrita como forma de preservar informações por mais tempo. Mostramos a seguir alguns registros desse tipo produzidos por crianças de cinco anos.

Duas crianças, quando produziram os dois registros abaixo, desenharam apenas os diagramas da amarelinha e se esqueceram de marcar onde pararam. Ao pegarem os cartões para iniciar a brincadeira numa outra vez, não sabiam como fazer, pois não lembravam onde haviam parado e não podiam obter essa confirmação no cartão. A professora conduziu uma discussão sobre o que ocorreu, cada uma das crianças que tinha problema semelhante iniciou a amarelinha novamente no 1 e ao final produziu um novo registro. Observe que dessa vez os desenhistas não deixaram de marcar onde pararam, houve até um certo exagero.

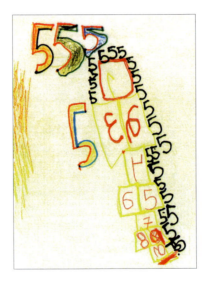 

Veja agora outros registros desse tipo, nos quais as marcações foram claras nas duas vezes. Observe que algumas crianças marcam apenas os números, outras precisam, de algum modo, do diagrama:

 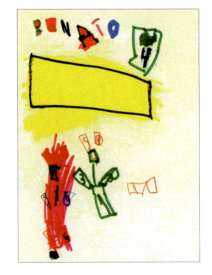

Gostaríamos ainda de destacar nesses registros a importância da cor, que é usada para diferenciar uma jogada da outra, para indicar crianças. É o caso dos desenhos abaixo:

Produzindo um texto: As crianças reunidas conversaram sobre a brincadeira, levantaram aquilo que acharam mais importante, falaram sobre suas percepções e a professora propôs a elas que escrevessem coletivamente um texto.

AMARELINHA

Nós conversamos sobre como jogar amarelinha. Depois, um de cada vez, conforme combinado, ia pulando a amarelinha. Descobrimos as regras do jogo:

- Não se pode pisar na linha amarela.
- Não se pode jogar a massinha fora da casinha.
- Não se pode pisar fora da amarelinha e nem onde está a massinha.
- Não se pode pisar com os dois pés em uma casinha.
- Só posso jogar a massinha em uma casinha de cada vez e tem que ser primeiro no 1 (um), depois no 2 (dois), no 3 (três), no 4 (quatro), no 5 (cinco), no 6 (seis), no 7 (sete), no 8 (oito), no 9 (nove) e no 10 (dez).
- Se jogar no número errado, perdeu a vez, passa-se para o amigo.

Ideia das crianças do Jardim II sobre as regras da amarelinha

Nessa produção, à professora coube o papel de escriba, mas isso não significa que ela foi a autora do texto. Os autores foram os alunos, que, coletivamente, criaram o texto que foi sendo registrado por escrito na lousa.

Textos como este são comentados e produzidos rapidamente pelas crianças, já que para elas a situação da brincadeira e as regras estão muito arraigados. O trabalho do professor é articular todas as informações e colocar o texto oral, produzido pelos alunos, na forma escrita.

Outras amarelinhas

Pelo fato de a amarelinha, entre todas as brincadeiras, apresentar inúmeras variações, ela merecerá um tratamento diferenciado em relação às demais brincadeiras propostas neste livro. Assim, embora não façamos comentários minuciosos sobre cada sugestão, elas serão apresentadas a seguir, para que o professor possa ter mais opções para brincar com seus alunos.

Sugerimos que essas variações sejam propostas aos alunos que dominam a forma tradicional, quando as crianças se mostrarem muito familiarizadas com ela. O modo de explorar e registrar as variações pode ser semelhante ao que já expusemos anteriormente.

Caracol ou Rocambole

Desenvolvimento:

- Dentro de cada turma, as crianças decidem a ordem em que vão pular.
- Ao sinal de início, o primeiro jogador vai pulando num pé só, de espaço em espaço, até o céu, de onde volta pelo mesmo caminho e da mesma forma. Se não cometer erro algum, isto é, se não pisar em linha alguma, não deixar de pular nenhuma casa, não apoiar os dois pés no chão (a não ser no céu) e não trocar o pé de apoio, ganha o direito de fechar uma casa.
- Para tal, põe a sua inicial em um dos 15 espaços do diagrama, à sua escolha. Daí em diante, aquela casa será sua e nela poderá descansar sobre os dois pés, enquanto os demais terão de saltá-la.
- Nenhum participante poderá sequer encostar na casa alheia.
- Cada jogador faz o mesmo caminho de ida e volta, cabendo a quem termina com sucesso fechar uma casa. Aquele que erra perde a vez, o primeiro volta a pular e assim sucessivamente. Vence o jogo quem apresentar mais casas ao final.

Com crianças pequenas o professor pode fazer um caracol indo apenas até o 9. Já com alunos a partir dos seis anos pode aumentar a sequência numérica e, também, pedir que cada grupo desenhe seu próprio caracol.

Orelha

Idade recomendada: a partir de cinco anos.

Desenvolvimento:

- Para iniciar o jogo, o primeiro jogador deve colocar-se na orelha da esquerda, ao lado da casa 1, como mostra o diagrama.
- O jogador deve começar jogando a pedra na casa 1.
- As casas 1, 2, 4, 5, 7 e 8 deverão ser pisadas com um pé em cada casa, como na amarelinha tradicional.
- As casas 3 e 6 deverão ser puladas com um pé só.
- O jogador completa o circuito fazendo as duas orelhas, isto é, pulando do 1 ao 8 a partir da orelha esquerda e depois da orelha direita, sem queimar.
- Quando completar as orelhas, o jogador vai ao céu, vira de costas para o tabuleiro e tenta fazer casa.
- Um jogador não pode pisar na casa do outro, a menos que o dono dê licença.
- Será vencedor quem fizer o maior número de casas.

Amarelinha Inglesa

Idade recomendada: a partir de seis anos.

Desenvolvimento:

- O primeiro jogador deve colocar-se na terra e lançar sua pedra na casa 1. Depois pula com os dois pés na casa 2; com um pé só na casa 3; com as pernas cruzadas na casa 4 e volta a repetir a seqüência pulando na casa 5 com os dois pés.
- O jogador deve repetir esta sequência até chegar ao céu, girar e voltar do mesmo modo, pegando a pedra na casa 1.
- O jogador lança a pedra no número 2 e repete a sequência até chegar ao 10. Depois do 10, ele pode pisar no céu.
- Quando chegar ao céu, o jogador pode pisar com os dois pés.
- Se o jogador, sem querer, pisar no P, ou sua pedra cair lá, na rodada seguinte ele não pode falar nem rir durante o jogo. Se fizer isso é eliminado.
- Se o jogador pisar no inferno, ou sua pedra cair lá, ele deve parar e começar a amarelinha desde o início.

Semana

Idade recomendada: a partir de 6 anos.

Desenvolvimento:

- Os alunos fazem uma marca no chão, em frente ao diagrama, a partir da qual serão lançadas as pedras.
- O primeiro jogador joga sua pedra na casa 1 e pula as demais, inclusive os dias da semana, com um pé só. Na volta não deve pegar a pedra, mas chutá-la para fora.
- O domingo serve para descanso e nele não se lança a pedra e pode-se pisar com os dois pés.
- Quando completar a sequência, o jogador fica de costas para o diagrama e tenta "fazer casa".
- Um jogador não pode pisar na casa do outro, a menos que tenha licença.
- O jogador que "queimar", com a pedra ou o pé, sairá do jogo.
- O vencedor será aquele que conseguir o maior número de casas.

Para encerrar essa nossa conversa sobre amarelinhas, gostaríamos de fazer uma última sugestão, que é a de o professor propiciar oportunidades para que seus alunos criem regras para um tabuleiro de amarelinha apresentado a eles. Essa atividade é melhor realizada por crianças com mais de seis anos quando o professor pode apresentar um dos tabuleiros anteriores ou outros que criar ou conhecer e deixar que seus alunos determinem a sequência das jogadas, o tipo de pulo, como decidir quem é o primeiro a jogar, etc.

A possibilidade de poder criar regras para um jogo auxilia os alunos a compreender o papel que elas exercem, a função que têm e que também podem ser modificadas, desde que haja uma discussão sobre as mudanças e todos os interessados participem do processo.

Essa elaboração pode ser coletiva ou em grupo. É importante discutir as regras e escrevê-las em local bem visível, para serem consultadas na hora em que os alunos forem jogar de acordo com as regras que criaram.

Observe a seguir regras que os alunos de seis anos elaboraram para o diagrama abaixo:

REGRAS DA AMARELINHA

CÉU	
1	0
8	9
7	6
4	5
3	2
0	1

1. Não pode jogar na vez do outro, colocar a mão ou bater na amarelinha quando o colega está jogando.
2. Neste tipo de amarelinha, tem que pular com os dois pés, só pula com um pé do lado da bolinha.
3. Quando chegar no céu volta com os dois pés, até chegar no número que tem a bolinha, aí pega a bolinha e volta para o número 1.
4. Joga novamente a bolinha no número que você parou.
5. Ganha quem chega no número maior.
6. Perde quem ficar no número menor.

Nós, do Pré II b, curtimos muito esta variação da amarelinha e no começo era gozado, pois errávamos, colocando dois pés, depois um, depois dois.

Após os alunos brincarem algumas vezes com as regras que criaram, a professora pediu que fizessem um desenho da brincadeira e escrevessem sua opinião sobre essa forma de brincar. Veja o resultado:

A amarelinha é legal porque eu adorei.

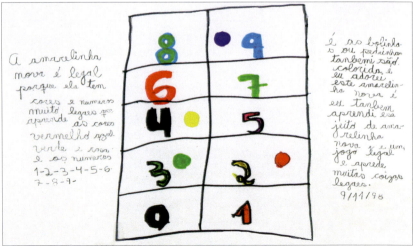

A amarelinha nova é legal porque ela tem cores e números muito legais que aprende as cores vermelha, azul, verde e rosa e os números 1, 2, 3, 4, 5, 6, 7, 8, 9.

As bolinhas ou pedrinhas também são coloridas e eu adorei esta amarelinha nova e eu também aprendi esse jeito de amarelinha...

Vejamos outros diagramas que você pode usar para criar regras de amarelinha com seus alunos:

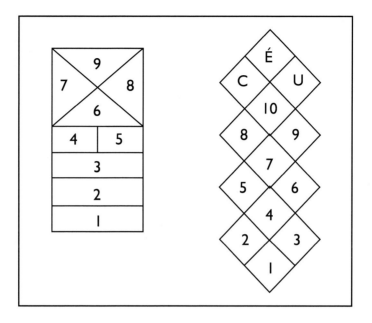

Bola de Gude

Algumas brincadeiras encantam crianças há muito tempo, como, por exemplo, aquelas que envolvem bolinha de gude.

Tudo indica que as bolas de gude já eram conhecidas na Pré-História, pois estudiosos de objetos da Idade da Pedra encontraram em suas pesquisas pequenas bolas de pedra, de argila, de castanhas, de madeira e até de ossos, que parecem ter sido utilizada em jogos semelhantes aos de bola de gude. Há desenhos muito antigos que indicam isso.

Também nas pirâmides foram encontradas bolas de gude de diversos materiais. Em Roma o jogo foi muito popular, desde antes da Era Cristã, e em alguns países da Europa, durante a Idade Média, havia áreas reservadas para o jogo de gude.

Há registros de jogos de bola de gude na China antiga e na Pérsia – onde hoje é o Irã. Na América o jogo chegou através dos espanhóis e portugueses por volta do século XVI, e no Brasil ficou comum no país todo.

Este tipo de jogo pode ser feito com bolinhas de vidro, que é o mais comum, metal ou pedra e recebe vários nomes: jogo de fubecas, jogo de bulita, bolinha e outros, que podem ser dados dependendo das regras que o regem. Em particular, o nome *gude* vem de um jogo bem específico, que relataremos um pouco mais adiante.

Existem diversas modalidades de jogos com bola de gude, que variam de lugar para lugar, mas, em sua maioria, são jogos de alvo, pois os participantes têm que acertar outras bolinhas ou objetos e, para atingir o alvo, têm que empurrar a bolinha para que ela se mova sobre uma superfície, rolando.

Todos os jogos de alvo são bons para a estruturação do espaço porque as crianças pensam sobre relações espaciais quando tentam dirigir um objeto em direção a um alvo específico,[1] relacionando suas expectativas com os resultados efetivamente obtidos. Assim, os jogos de alvo exigem coordenação perceptivo-motora, além de estimularem os jogadores a elaborar estratégias de arremesso e desenvolver destreza e precisão de movimentos, para atingirem o alvo de maneira eficiente.

Ao fazer a bola de gude rolar, a criança tem que se preocupar com as variações de direção, quantidade de força e variações de resultados. Ao calcular, por exemplo, onde colocar as bolinhas para poder atingi-las e ao decidir qual bolinha está na posição mais fácil de ser atingida, a criança desenvolve a percepção espacial e as noções de direção, posição e sentido.

As crianças também desenvolvem o raciocínio numérico quando contam e separam as bolinhas que obtiveram, assim como quando guardam na cabeça o número de tentativas que cada jogador já fez, quem já conseguiu mais bolinhas, etc.

Vale a pena destacar, ainda, que, ao brincar com bolas de gude, os alunos têm oportunidade de desenvolver sua oralidade, porque os jogos de gude trazem consigo a utilização de um vocabulário que pode ser ensinado aos alunos ou até aprendido com eles, uma vez que há muitas crianças que conhecem bem os termos, porque fora da escola já brincam com bolas de gude. Abaixo indicamos as palavras mais comuns e seus significados:

A brinca: de brincadeira; é quando se joga apenas pelo prazer do jogo. Depois de cada partida, todas as bolas são devolvidas para seus donos.

A vera: de verídico, verdadeiro. É quando os jogadores ficam com as bolas que ganharam dos adversários durante o jogo.

Búrica: é o nome de pequenos buracos cavados no chão e também uma modalidade de jogo em que são usados.

Casar: apostar as bolas antes do jogo.

Tecadeira: também chamada de *jogadeira* ou *joga*, é a bola do jogador, utilizada para tecar as outras.

Tecar: fazer uma bola, a tecadeira, acertar em outra.

Os alunos, de modo geral, ficam naturalmente encantados com as bolas de gude, especialmente as coloridas, aquelas que têm desenho dentro, as transparentes.

Esse interesse pode propiciar outra atividade, qual seja, a formação de uma coleção de bolas de gude pela classe. Os alunos podem ser estimulados a trazer bolinhas, discutir onde e como guardá-las.

Iniciada a coleção, é possível manter diversas atividades matemáticas a partir dela:

- contagens para controle do número de bolinhas
- classificações variadas
- comparação de tamanho

O professor pode também estimular os alunos a fazerem registros gráficos quando eles realizam o controle sobre o número de bolas da coleção. Conforme mostramos a seguir. Observe que há desenhos que indicam a quantidade total de bolas, a organização da maior para a menor, a classificação por tamanho, e em todos há o esforço de reproduzir as bolas com detalhes, inclusive de cor.

---

[1] Ver também boliche.

Vamos agora passar aos jogos que devem ser realizados em superfície dura e lisa, como, por exemplo, cimento, madeira ou terra, para permitir que as bolinhas deslizem facilmente.

De modo geral, os jogos com bola de gude podem ser realizados com alunos a partir de quatro anos, mas alguns são mais adequados a partir de seis anos. Os recursos necessários são simples, mas variam de um jogo para outro, por isso serão indicados em cada uma das sugestões.

Como na amarelinha, os alunos devem ser divididos em pequenos grupos de no máximo seis, para evitar que os jogadores esperem muito pela sua vez e se cansem da brincadeira.

Gude

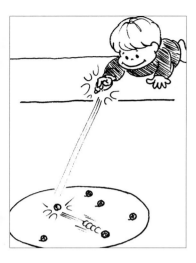

Recursos necessários: giz, bolinhas de gude.

Desenvolvimento:

Desenha-se um círculo, com aproximadamente 8 palmos de diâmetro, no chão – o *gude* – onde as bolinhas serão colocadas. A uns oito ou dez passos do círculo, marca-se a raia (linha demarcatória).

- Todos os jogadores apostam, ou seja, colocam o mesmo número de bolinhas no gude, e ficam com uma na mão. A bola da mão será a *tecadeira*.
- Antes de começar a jogar, os alunos se posicionam a uns cinco passos da raia e rolam suas bolinhas em direção a ela. Aquele cuja bolinha chegar mais próximo da raia iniciará o jogo, estabelecendo assim a ordem dos jogadores para iniciarem o jogo.
- A partir da raia, o participante atira a "joga" (bolinha com a qual se joga e que não entra na aposta) em direção ao gude, com a finalidade de deslocar, para fora dele, as bolinhas que estão dentro.
- Não atingindo o objetivo, ficando a bolinha no meio do caminho, ele deixa sua bolinha ali e continua na próxima rodada.
- Se a bolinha parar no gude, o jogador sairá do jogo.
- Vence aquele que retirar maior número de bolas do gude.

Nossa experiência tem mostrado que muitas crianças conhecem as bolinhas mas não sabem como brincar com elas, e ficam muito encantadas quando aprendem.

Para iniciar o jogo o professor pode explicar a brincadeira enquanto monta o esquema – gude, bolinhas, raia – e então apresenta algumas regras. Muito rapidamente, as crianças organizam a fila para lançar as bolinhas e, num primeiro momento, esta é a única preocupação.

No entanto, após algumas jogadas aparece o primeiro desafio a ser vencido: descobrir a melhor forma de jogar a bola – no ar, rolando, empurrando, impulsionando com o dedo, etc. Conforme o jogo vai sendo proposto, algumas vezes podemos perceber que as crianças vão criando estratégias para atingir as bolinhas dentro do gude com maior precisão e força, tais como mira, posição dos braços ou avaliação de qual das bolinhas do gude está mais próxima de sair.

As crianças passam o tempo todo analisando suas posições, comparando quantas bolinhas colocaram no gude e quantas já conseguiram tirar, quem tirou mais bolinhas ou quantas bolinhas ainda estão dentro do gude. Procuram observar quais das bolas estão mais próximas da linha do gude, porque percebem que essas serão as mais fáceis de tirar e torcem para que outros não as acertem.

Este é um jogo que exige descentração, uma vez que, após se familiarizarem com ele, as crianças passam a prestar atenção nas jogadas dos colega para acompanhar quantas bolinhas eles tiram, torcendo para que errem e verificando se eles não cometeram nenhuma infração das regras.

Os registros das crianças para o jogo de bola de gude

A seguir mostramos alguns desenhos que crianças de quatro anos fizeram para o jogo de bolinha de gude. Os procedimentos adotados foram semelhantes àqueles descritos na amarelinha.

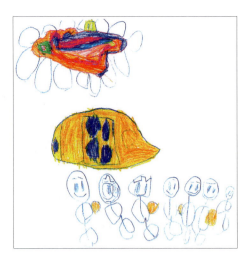

Na segunda vez em que jogaram, os alunos produziram um texto sobre como jogar bola de gude:

GUDE

- Pega um monte de bolas
- Escolhe uma para jogar, a tecadeira
- Desenha um círculo
- Desenha um risco longe do círculo
- Não pode passar do risco na hora de jogar
- Não pode jogar do alto
- Não pode jogar como boliche
- Joga a tecadeira nas bolinhas dentro do círculo
- Quem tirar mais bolinhas do círculo ganha o jogo

Esse texto foi escrito num momento em que os alunos estavam começando a se inteirar das regras, por isso ele apresenta tantas restrições. Muitas vezes, é no processo de jogar que os alunos percebem o que podem e não podem fazer, o que fica evidente nos registros.

Variações do jogo de gude

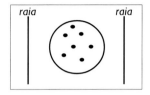

Podem ser feitas duas raias, colocando-se entre elas o gude

Nessa variação, a ordem dos jogadores é decidida da seguinte forma: os participantes, atrás de uma das raias, jogam a bolinha na direção da raia oposta. O jogador cuja bola ficar mais próxima da raia oposta será o primeiro a jogar.
Na sua vez de jogar, o jogador pode escolher a partir de qual das raias quer arremessar sua bola em direção ao gude.

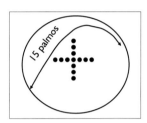

Círculo

- No meio do círculo são colocadas 13 bolas de gude em cruz. Cada jogador usa uma bola tecadeira.
  1 Não há raia e, após decidirem quem será o primeiro, o jogador posiciona-se em qualquer lugar em volta do círculo e tenta tecar uma das 13 bolas para fora. Se a tecadeira ficar dentro do círculo, ele fica uma vez sem jogar.
- O vencedor é aquele que conseguir tirar oito bolas primeiro.

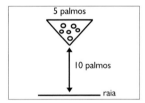

Triângulo

É um dos jogos mais populares no Brasil e tem as mesmas regras do gude. O que muda é o desenho do gude, que, em vez de círculo, é um triângulo equilátero com um metro de lado.

Outros jogos com bola de gude

Largada..

Desenvolvimento:

- O jogo é feito num quadrado onde cada lado tem o tamanho de um passo grande, de aproximadamente um metro.
- Cada jogador deve ter a sua tecadeira e colocar cinco bolinhas dentro do quadrado; as bolas devem ficar espalhadas dentro do quadrado.
- Na sua vez de jogar, o jogador deve ficar próximo a um dos lados do quadrado. Ele pode se curvar para dentro do quadrado, mas os pés não podem ficar sobre a linha.
- O objetivo é largar a tecadeira da altura da cintura, atingindo as bolas de gude dos outros a fim de tirá-las para fora do quadrado.
- Se na sua vez o jogador conseguir tirar uma bola do quadrado – *vítima* – e ao mesmo tempo fazer com que sua tecadeira não role para fora do mesmo, ele fica com as duas bolinhas e joga novamente.

- Se a tecadeira do jogador rolar para fora do quadrado ele ganha as vítimas mas perde a vez de jogar.
- Se não acertar nada, o jogador fica com sua tecadeira.
- O vencedor será aquele com maior número de vítimas.

Ao propor o jogo para os alunos é interessante que o professor não dê todas as regras de uma vez para que eles possam se apropriar do jogo progressivamente.

Outro tipo de registro pictórico que podemos fazer é a construção de um gráfico, o que está diretamente relacionado às problematizações que o professor faz após o jogo:

- Quantas bolinhas cada jogador conseguiu tirar do gude?
- Quantas bolinhas cada jogador possuía antes de jogar e quantas possui agora?
- Quem conseguiu mais bolinhas?
- Você tem mais ou menos bolinhas do que antes do jogo?

Ao concluir as problematizações, o professor pode conduzir um processo de construção de um gráfico que mostre a quantidade de bolinhas que os alunos conseguiram tirar.

O professor distribui entre os alunos cartões quadrados, com 8 ou 10 cm de lado, de papel sulfite ou qualquer outro papel branco. Feito isso, cada aluno deve desenhar em seu cartão, com lápis de cor ou canetinha, as bolinhas que conseguiu tirar do gude.

O professor coloca no chão, ou na lousa, uma folha de papel pardo com as seguintes marcações:

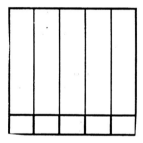

Depois pede para cada aluno colar seu cartão no lugar correspondente, um acima do outro, e terá um gráfico em barras verticais – colunas –, ou um ao lado do outro, e terá um gráfico em colunas horizontais – barras.

Concluído o gráfico, o professor fixa o cartaz em um local onde possa ficar exposto por algum tempo, diz aos alunos que juntos construíram um gráfico, escolhe com a classe que título vão dar a ele e, então, escreve o nome escolhido num lugar bem visível.

Veja um gráfico em colunas feito por alunos de cinco anos (p. 41).

A seguir é possível propor perguntas a partir do gráfico:

- Quantos alunos tiraram duas bolinhas? E quatro?
- Qual foi o maior número de bolinhas que alguém conseguiu tirar?
- Quantos alunos não conseguiram tirar bolinhas?
- Qual a coluna mais alta? Por quê?

Essas perguntas auxiliam os alunos a interpretar o gráfico e aprender como extrair informações a partir dele.

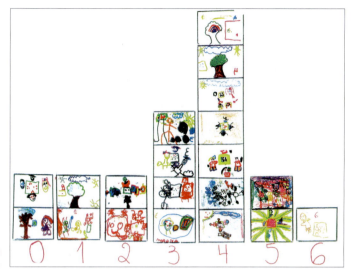

Gráfico em colunas feito por alunos de cinco anos.

Podemos também pedir que eles desenhem em uma folha em branco como ficou o gráfico depois de pronto. Essa atividade auxilia as crianças a pensarem sobre como o gráfico foi feito e a perceber como um gráfico deve ser construído.

Produzir textos para explicar como os dados foram coletados, como o gráfico foi construído ou quais as conclusões que ele mostra é um outro meio de propiciar pequenas sistematizações sobre o processo de coleta, organização, representação e análise de dados.

> **GRÁFICO DA LARGADA**
>
> As crianças do Jardim II A brincaram de largada.
> Quando a brincadeira terminou, cada um desenhou seus amigos brincando e a quantidade de bolinhas que tirou do gude. Com esses desenhos montamos um gráfico.
> Teve criança que não tirou nenhuma bolinha e criança que tirou 1, 2, 3, 4, 5 ou 6.
> A quantidade de bolinha que mais crianças tiraram foi 4.
> Somente Lucas conseguiu tirar 6 bolinhas.
> Gostamos muito desta brincadeira.
>
> (Texto produzido pelo Jardim II A em 05 de novembro de 1998.)

Box

Idade recomendada: a partir dos seis anos.

Desenvolvimento:

- Traçar no chão uma raia, e a três ou quatro passos de distância de cinco pequenos buracos em forma de cruz que são escavados no chão.
- Cada jogador tem uma bolinha.
- Para saber a ordem dos jogadores, cada um arremessa sua bolinha em direção ao buraco do meio e quem chegar mais perto joga primeiro.
- O objetivo do jogo é acertar a bola em cada um dos buracos uma única vez.
- Da raia, cada jogador, na sua vez, joga a bolinha e tenta acertar o box. Se conseguir, tem mais uma jogada.
- Se o jogador não conseguir acertar o box, deve deixar sua bolinha onde ela parar e tentar encaçapar, na próxima jogada, do ponto em que parou.
- Quem fizer os cinco boxes tem direito a tecar as bolinhas dos adversários que estiverem no meio do caminho. A bola tecada sai do jogo.
- Ganha quem fizer os cinco boxes sem ter sua bola tecada.

Uma variação desse jogo é conhecida como búrica, e consiste em fazer no chão buracos conforme o diagrama:

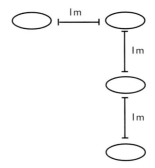

As demais regras são as mesmas.

Estrela

Idade recomendada: a partir de cinco anos.

Desenvolvimento:

- Desenha-se uma estrela de seis pontas no chão e coloca-se uma bolinha em cada ponta e uma no meio.
- Próximo à estrela, desenha-se uma raia com duas *cabeças*.
- Cada jogador deve ter uma bolinha, que será utilizada o jogo todo.
- Os jogadores ficam do lado oposto à raia e jogam sua bolinha em direção a ela.
- Quem se aproximar mais da raia será o primeiro a jogar.
- Quem se aproximar mais de uma cabeça será o último.
- Os jogadores jogam, cada um na sua vez, sua bolinha em direção à estrela para tentar tirar fora dela as bolinhas colocadas no início do jogo.
- Cada bolinha que for retirada é ganha pelo jogador.
- Vence quem tirar o maior número de bolinhas.

Criando jogos com bolas de gude

Do mesmo modo que na amarelinha, os alunos podem ser estimulados a criar seus próprios jogos de gude. Após terem brincado livremente com as bolas, realizarem pelo menos dois tipos de jogos propostos pelo professor ou conhecidos por eles, sugerimos que os alunos sejam reunidos em grupos e com as bolinhas criem uma forma nova de jogar. O professor acompanha os grupos, auxilia nas dúvidas, questiona regras e, finalmente, registra por escrito as regras elaboradas pelos grupos.

Quando as regras estiverem prontas, os alunos durante um tempo vão realizar os jogos uns dos outros e terão a oportunidade de rever suas regras, fazer as adequações necessárias, reformular o que foi preciso. Além de ser uma ação desafiadora para as crianças que têm que pensar sobre número de jogadores e bolinhas, forma do diagrama de jogo, como fazer para ganhar, entre outras coisas, essa atividade é excelente para propiciar uma ação em grupo e oportunidade para elaboração de textos.

A seguir mostramos as regras de um jogo elaborado por alunos de cinco anos.

JOGO DA BOLINHA DE GUDE

1. Distribuir quatro bolas de gude para cada componente do grupo.
2. Cada grupo tem três ou quatro crianças.
3. Cada componente coloca três bolinhas no chão e fica com uma.
4. Um de cada vez joga sua bolinha.
5. Se acertar alguma bolinha do monte, pega a que acertou e a que jogou.
6. Se não acertou, fica somente com a bolinha que jogou.
7. Ganha o jogo quem tiver mais bolinhas.

(Jogo criado pelas crianças do Jardim II A em 16 de outubro de 1998.)

Brincadeiras com Bola

Individualmente ou em grupo, os jogos com bola são praticados por meninas e meninos de todas as idades nas mais variadas regiões do país. A bola é um objeto muito importante e que pode ser utilizado em diferentes momentos de atividades na escola, não apenas por estar incluída na cultura do povo, mas também por trazer diferentes variações de jogos: com alvo, sem alvo, de competição, em times, individuais.

Os jogos com bola, além de estimularem a participação ativa dos alunos numa recreação orientada e dinâmica, dão uma grande contribuição ao trabalho educacional, tendo também a vantagem de exigir material prático de fácil acesso às escolas. Por suas dimensões simbólicas, sua forma, suas possibilidades de deslocamento e controle, a bola constitui uma peça sempre presente nos rituais lúdicos de todas as culturas. A manipulação do objeto (bola) permite o desenvolvimento motor e proporciona a cooperação entre os companheiros.

Ao passar a bola de mão em mão ou de pé em pé, por exemplo, a criança, além de entender as regras do jogo, assume responsabilidades, percebe sua função no grupo, coloca seu papel em comparação com o dos amigos.

Em matemática, as brincadeiras com bola auxiliam no desenvolvimento de habilidades como noção de espaço, tempo, direção, sentido, identificação e comparação de formas geométricas (bola e círculo), contagem, comparação de quantidades, noção de adição.

Geralmente as brincadeiras com bola podem ser feitas por crianças a partir dos três ou quatro anos e os recursos são simples. No entanto, optamos por apresentar brincadeiras que envolvem ações – atirar, pegar, rolar, jogar para cima, passar – e habilidades – agilidade, atenção, destreza, força – que serão diferentes em cada jogo, exigindo recursos e organizações variadas da classe, e que serão indicadas em cada uma das sugestões a seguir.

Boliche

Recursos necessários: uma bola leve (meia, plástico ou de tênis), dez garrafas do mesmo tamanho (podem ser de refrigerante ou água).

Organização da classe: as dez garrafas são dispostas formando um V e toda a classe senta-se em volta como meia-lua.

Desenvolvimento:

- Cada participante na sua vez joga uma bola, a partir de uma linha traçada, para ver quem consegue derrubar mais garrafas.
- O vencedor será aquele que, após um número de jogadas combinado, conseguir derrubar o maior número de garrafas.

Esta brincadeira é indicada para crianças a partir de quatro anos, já que aqui a participação de cada jogador é paralela, ou seja, todos os participantes fazem a mesma coisa, o que para as crianças menores é mais fácil. Neste tipo de brincadeira os participantes têm como alvo objetos (garrafas), o que requer da criança conhecimento de como os objetos reagem sob diferentes ações. No caso do boliche, elas terão que descobrir qual a melhor forma de acertar as bolas para conseguir derrubar as dez garrafas.

Por isso, muitas vezes poderemos ver crianças que a cada jogada mudam a posição do corpo, na tentativa de descobrir qual a melhor forma de posicionar-se para derrubar o maior número de garrafas.

É possível fazer algumas adaptações para esta brincadeira: uma seria fazer a bola bater na parede e na volta derrubar as garrafas, outra propor que as crianças, depois de já terem jogado várias vezes em diferentes momentos, organizem-se em grupos de cinco, por exemplo, para realizarem a brincadeira sozinhas. Em cada grupo deve haver uma ou duas crianças que já tenham mais facilidade para desenvolver a brincadeira. O professor terá apenas que circular pelos grupos para ver como estão se desenvolvendo e também para obter, se necessário, sugestões para as problematizações em sala de aula.

Os registros desta brincadeira também podem ser propostos de diferentes formas. Uma seria após as problematizações as crianças desenharem o que aconteceu na brincadeira, outra cada grupo ter uma criança, de preferência aquela que já tem mais desenvoltura no jogo, para anotar, do jeito que achar melhor, o número de pontos que cada componente do seu grupo fizer nas jogadas.

Estas anotações devem ser levadas para a sala e utilizadas como recurso para as problematizações.

- Quem consegue descobrir como este grupo decidiu marcar os pontos?
- Todos conseguimos entender?

- Quantas garrafas Fulana derrubou?
- Quem derrubou mais garrafas?
- Quem derrubou menos?

Podemos também propor:

Garrafas com valores diferentes: usando garrafas de três cores – vermelha, amarela, azul –, o professor combina com os alunos que cada cor vale um número diferente, como no jogo de pega-varetas. Ao jogar a bola, em vez de contar apenas o número de garrafas derrubadas, o jogador conta quantos pontos conseguiu, de acordo com o valor de cada uma delas.

Essa variação também pode ser feita colocando-se números de 1 a 3 nas garrafas.

Vejamos a seguir alguns registros dessa variação, feitos por crianças de cinco anos. Para entender os registros é preciso saber que os alunos jogaram boliche com seis garrafas com a seguinte pontuação: vermelha: 0; amarela: 1; azul: 2.

Analisando os desenhos vemos que de algum modo as garrafas coloridas aparecem, algumas inclusive com as pontuações correspondentes. No entanto, há alguns aspectos que merecem ser destacados:

- no desenho da Camila estão representados o espaço no qual a brincadeira ocorreu (pátio, repare o detalhe da floreira), as crianças sentadas enquanto ela, com a bola na mão, se prepara para acertar as garrafas. Ela deixa também claro os pontos que fez.

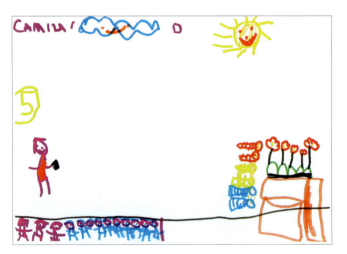

- no desenho do Leonardo, as garrafas que ele acertou aparecem derrubadas e ele com a bola na mão. A pontuação está destacada nas garrafas desenhadas acima da cabeça dele.

- Priscila faz seu desenho destacando a bola (veja círculo roxo na mão da menina amarela) e a única garrafa que derrubou, pintada de azul mais forte.

Esse jogo permitiu também que os alunos desenvolvessem muitos processos de estimativa, contagem e cálculo mental.

Depois da segunda ou terceira vez que jogaram era possível ouvir os seguintes comentários registrados pela professora:

- *Se eu derrubar todas fico com seis pontos, porque tem um mais um mais dois mais dois mais zero mais zero.*
- *Derrubei três garrafas mas fiz dois pontos porque foi um, um e nada (1 + 1 + 0).*
- Aluno pergunta: *Derrubei cinco, por que só fiz quatro pontos?*
- Outro responde: *Você não sabe, é que não vale o que derruba, vale a cor. Você deixou cair duas vermelhas que valem nada...*

Batata quente

Recurso necessário: uma bola.

Organização da classe: crianças em círculo, sentadas ou em pé.

Desenvolvimento:

- Forma-se um círculo e a professora, do lado de fora de olhos vendados, deve cantar "batata-quente, quente, quente"...., até "queimou".
- Enquanto isso, a bola estará sendo passada de mão em mão até a hora em que a professora disser "queimou". Quando isso acontecer, a criança que estiver com a bola sai do círculo.
- Ganha a competição o último que sobrar.

Essa brincadeira exige bastante concentração, percepção auditiva e coordenação dos movimentos no ritmo e tempo em que a professora fala. Uma das modificações que sugerimos é que, assim que os alunos ganhem habilidade com a brincadeira, quem fala "batata quente, quente..." modifique o ritmo para mais rápido, mais lento, de modo que os jogadores tenham que se adaptar e possam desenvolver noções de velocidade e tempo.

Ao final da brincadeira, é indicado que conversemos com as crianças para analisar conjuntamente como foi brincar e como fazer para ter mais sucesso na outra vez, se há alguém que deseja conduzir a brincadeira e que dicas elas dariam para alguém que quiser brincar de batata quente. Geralmente, as crianças questionam muito a falta de concentração de alguém do grupo, falam sobre as regras, etc.

Alerta

Recurso necessário: uma bola leve.

Organização da classe: jogadores espalhados pela quadra ou pátio e um jogador (pode ser a professora) com a posse da bola.

Desenvolvimento:

- O jogador que está com a bola gritará o nome de uma criança e jogará a bola para o alto.
- A bola poderá bater apenas uma vez no chão antes que o jogador chamado consiga pegá-la.
- Enquanto o jogador chamado corre para pegar a bola, os outros devem sair correndo, inclusive o que o chamou.
- Se conseguir pegar a bola antes que ela queime duas vezes no chão, a criança chamada deverá gritar *alerta*. Neste momento, todos os outros devem parar (como estátuas). Caso deixe a bola bater mais de duas vezes no chão, sai do jogo.
- O jogador que está com a bola deve dar três passos e atirar a bola na criança que estiver mais próxima. Se acertar, a criança sai, se não, quem sai é quem lançou a bola.
- A brincadeira recomeça com a criança que conseguir acertar a bola ou, se esta não conseguir acertar, com outra criança escolhida pelo grupo.
- Ganha o jogo a criança que for a última a ficar com a posse da bola sem ser acertada por esta.

Podemos variar essa brincadeira fazendo *Alerta dos números*. Nesta variação, as crianças terão que escolher cada uma o seu número e, ao chamar, o aluno que está com a posse da bola não mais gritará um nome, e sim um número.

O limão

Recurso necessário: uma bola.

Organização da classe: círculo, crianças voltadas para o centro.

Desenvolvimento:

- Ao ritmo do canto, as crianças vão atirando a bola para o companheiro da esquerda.
- A criança que estiver com a bola na mão no momento em que o canto cessar ou quem deixá-la cair durante a brincadeira sai fora.
- Quando o canto acelera (ao gosto dos participantes), a bola é passada também rapidamente.
- Vence a última criança que ficar no círculo.

Música:

O limão entrou na roda
Ele anda de mão em mão
O limão
Ele vai, ele vem
Ele ainda não chegou
Lá no meio do salão

As brincadeiras a seguir, por exigirem ações mais complexas, são sugeridas para alunos com mais de cinco anos.

Bola ao cesto

Recursos necessários: duas bolas, dois cestos ou duas caixas de papelão onde caibam as bolas escolhidas

Organização da classe: duas equipes, alunos em fila, sendo que as equipes deverão estar mais ou menos dois metros distantes uma da outra.

Na frente de cada equipe, será traçada uma linha e, a partir dela, a mais ou menos um metro, será colocado um cesto ou caixa de papelão.

Desenvolvimento:

- Ao sinal do professor, o primeiro aluno de cada fila deverá posicionar-se o mais próximo possível da linha e arremessar a bola dentro da cesta.
- A professora, ou o aluno que arremessou, então pega a bola e a entrega para a próxima criança da fila que deverá seguir os mesmos passos da primeira.
- Isto será feito sucessivamente, até que todas as crianças tenham feito os arremessos.
- A equipe que tiver feito mais cestas vencerá a partida.

Essa é uma atividade com bola que está diretamente associada a noções de direção, sentido, localização, contagem, comparação de quantidades e que possibilita diversas explorações diferentes. Por exemplo, ao final de uma das vezes em que sua classe jogar, o professor pode propor problemas do seguinte tipo:

- Qual o grupo que conseguiu mais pontos? Quantos pontos a mais?
- Numa rodada um grupo estava com 10 pontos. Se quiser ficar com 16 pontos, quantas bolas deverá acertar?
- Numa equipe jogaram seis crianças. Cada uma acertou três bolas na cesta. Quantos pontos fizeram?
- Uma equipe jogou a bola na cesta 20 vezes e fez 14 pontos. Quantas bolas errou?

Se quiser, após duas ou três vezes em que jogar com a classe, o professor pode dificultar o jogo colocando as cestas no alto de um móvel ou amarradas em algum lugar no pátio para serem realizados arremessos "aéreos".

Vejamos alguns registros dessa brincadeira. (p. 50)

Nos três desenhos está claramente marcada a organização da classe que foi dividida em dois grupos.

No primeiro desenho a criança coloca um menino de "nariz" vermelho, a menina em laranja, a professora com vestido verde e as duas cestas com uma bola dentro de cada uma. Esse é um desenho que traz muitas informações sobre o espaço e a forma de organização da brincadeira, no entanto, nada podemos concluir sobre quem venceu a disputa. Já nos outros dois desenhos essa informação é clara.

Observe que no segundo desenho a criança usa traços e algarismos para marcar quantos pontos cada grupo fez. No terceiro desenho a riqueza de detalhes impressiona: a professora sentada na cadeira, as filas das duas equipes, os meninos de bermuda e as meninas de vestido, as cestas e dois quadrinhos, um com três riscos e outro com cinco, que representam o total de pontos de cada equipe. Note os braços erguidos do menino comemorando ter feito a cesta e a bola no ar da menina da equipe adversária.

Bola ao alto

Recursos necessários: uma bola, uma rede ou corda.

Organização da classe: duas equipes, separadas por uma corda ou rede, num campo delimitado (aproximadamente 50 cm para cada criança).

Desenvolvimento:

- Inicia-se o jogo sorteando a posse da bola.
- Procura-se enviar a bola para o campo adversário, utilizando os pés, joelhos e cabeça.
- Se o lançador conseguir que a bola toque no solo dentro do campo do adversário, sua equipe ganha um ponto. Se não conseguir, a posse da bola será da outra equipe, que repetirá o mesmo procedimento.
- Cada equipe deve evitar que seus adversários consigam tocar a bola no seu campo. Para isso podem usar os pés, os joelhos e a cabeça, nunca as mãos. A equipe que tocar a bola com as mãos perde a vez de jogar.
- Ganha a equipe que maior número de pontos fizer.

Esse jogo apresenta um grau de dificuldade maior para os alunos do que os outros, por impedir o uso das mãos. Também é necessário que ao jogar cada um pense em si e no seu time, mas analise rapidamente como vai impedir o time adversário de marcar pontos. Essas ações auxiliam os alunos a desenvolver sua percepção espacial, a consciência corporal e também permitem que eles aprendam a coordenar diferentes pontos de vista.

Bola caçada em duplo círculo

Recurso necessário: duas bolas.

Organização da classe: turma dividida em duas equipes, cada uma com uma bola. As turmas podem ser diferenciadas por cores ou jogar uma com camisa e outra sem.

Desenvolvimento:

- As equipes formam dois círculos concêntricos, com os integrantes do círculo interno colocados de costas para o centro, de forma que fiquem de frente para os alunos que se encontram no círculo externo.
- Nos dois círculos, os jogadores das equipes ficam alternados, de maneira que os jogadores de uma equipe que estão no círculo interno se defrontem com os da outra equipe que estiverem no círculo externo, conforme a figura.
- Dois jogadores, um de cada equipe, que estão frente a frente pegam uma bola cada.
- Dado o sinal de início, os jogadores que estão de posse da bola atiram-na para o seu colega de equipe situado à direita, no círculo oposto. Este, por sua vez,

passa a bola ao companheiro seguinte do círculo contrário. O jogo prossegue com as bolas sendo lançadas de um círculo ao outro, sempre na diagonal.
- A equipe que primeiro fizer chegar a bola ao jogador inicial será a vencedora.

Queimada

Organização da classe: traçam-se três linhas no chão, de modo a formar dois campos (A e B). O número de jogadores de um campo deve ser igual ao do outro.

Atrás de cada linha lateral deverá ficar uma criança assumindo o papel de reserva.

Desenvolvimento:

- Escolhido o lado que iniciará a "queimada", um participante joga a bola sobre um jogador do lado oposto.
- Aquele que for batido e não aparar a bola estará "queimado" e passará a reserva do campo oposto, trocando de posição com o primeiro reserva.
- Dali, ele (o "queimado") poderá atirar bolas para o seu campo, sem o direito de "queimar". Depois que o primeiro reserva trocou de posição com o primeiro queimado, toda vez que houver outro queimado este irá para o campo reserva, porém, sem trocar com quem está lá.
- Vencerá o campo que conseguir eliminar todos os elementos do lado oposto.

Os desenhos que seguem foram incluídos aqui para ilustrar como as crianças de seis anos muitas vezes já dominam a representação completa do espaço do jogo e passam a se preocupar em representar as crianças que vão sendo "queimadas"; o posicionamento em campo da forma mais fiel possível, procurando desenhar como se os times estivessem de frente um para o outro; a trajetória da bola, inclusive quando "queima" uma criança; os alunos que vão sendo "queimados" e ficam atrás da linha; o número exato de pessoas de cada equipe.

Cada um dos registros a seguir mostra um ou vários desses aspectos.

Brincadeiras com Corda

Entre as diversas atividades de brincadeiras infantis, encontram-se as brincadeiras com corda, que, além de oferecerem intenso exercício físico e ajudarem no desenvolvimento de habilidades motoras, sincronização de movimentos e atenção, podem também ser utilizadas no trabalho de matemática para que assim se explorem ideias referentes a números (contagens e sequência numérica), medidas (noção de velocidade, tempo, altura e distância) e geometria (discriminação visual e percepção espacial).

A corda é um dos objetos de brinquedo que mais povoam nossas lembranças de infância. Quase todo mundo sabe brincar de várias maneiras com uma corda. Portanto, para o professor não será difícil propor às crianças atividades de corda. Pelo contrário, ele poderá até solicitar que seus alunos o ajudem a recordar algumas brincadeiras. É justamente esse conhecimento apresentado inicialmente pelo grupo que deverá ser tratado como ponto de partida. O professor pode deixar que as crianças escolham as equipes, o número de crianças que participam por vez, e resolvam quaisquer problemas surgidos no decorrer da brincadeira.

Portanto, mais do que exercitar o corpo e se relacionar com o grupo, a brincadeira com corda leva a criança a compreender sua ação e a desenvolver o pensamento lógico-matemático através de relações espaçotemporais.

Todas as atividades que utilizam corda são mais indicadas para alunos a partir dos quatro anos. Muitas das brincadeiras podem ser realizadas individualmente com pequenos pedaços de corda. No entanto, neste livro, optamos por indicar que as atividades sejam sempre propostas em grupos de seis a dez alunos, usando cordas grandes de 3 a 4 metros de comprimento, porque assim aproveitamos para desenvolver as relações interpessoais e podemos propor brincadeiras mais sofisticadas.

Além disso, desde cedo os alunos devem aprender a bater corda, pois essa tarefa exige muita concentração, coordenação entre os movimentos pessoais e os do colega, ritmo, noção de velocidade e força. Por vezes crianças que têm medo da corda ou que não conseguem desenvolver o ritmo adequado para pular superam tais obstáculos se solicitadas a bater corda.

A organização da classe para a corda geralmente consiste em grupos de, no máximo, dez alunos, nos quais duas pessoas batem a corda e as demais se organizam em uma fila de espera para *entrar* na corda. Quando for diferente, indicaremos nas sugestões correspondentes.

A seguir apresentaremos algumas variações de brincadeiras de corda. Iniciaremos por aquelas que se destinam a familiarizar as crianças com a corda em si e passaremos depois às mais complexas, que exigem o "pular corda" propriamente dito.

Lembre-se de que depois das atividades fora da sala o professor deve pedir um trabalho de registro, que pode ser em forma de redação, desenho, problemas, etc., e descrição das brincadeiras, para que a criança reflita sobre o que realizou e o professor perceba os aspectos da atividade mais significativos para cada um.

Cabo de guerra

Organização da classe: duas equipes com o mesmo número de crianças, cada uma segurando em uma das extremidades de uma corda.

Desenvolvimento:

- A classe é dividida em dois grupos.
- No chão é feita uma reta, significando o marco que estará dividindo o campo de cada grupo.
- À frente do último aluno de cada equipe amarra-se uma fita ou lenço.
- Quando a ordem for dada, cada grupo deve puxar a corda para seu lado.
- O grupo vencedor será aquele que conseguir puxar a corda até que o lenço do adversário passe para seu campo.

O jogo cabo de guerra faz com que as crianças tenham que pensar sobre o número de participantes, na igualdade de força, divisão de equipes e noção de limite. Além disso, é uma brincadeira que auxilia os alunos a desenvolver uma atividade que exige o esforço coletivo, sendo uma boa oportunidade para ampliar relações interpessoais.

Cobrinha

Desenvolvimento:

- Duas crianças seguram a corda pelas extremidades.
- A corda é mexida pelas crianças raspando no chão, imitando o movimento de uma cobra.
- As crianças devem pular sem pisar na corda. O movimento da corda pode ser mais forte, de acordo com o desenvolvimento da criança.

Veja os registros de um aluno de quatro anos para essa atividade. Os desenhos foram realizados em fevereiro e junho.

À primeira vista, o primeiro desenho de Victor é pura garatuja. Um olhar mais atento, no entanto, nos permitirá ver que ele desenha dois grupos de alunos brincando com duas cordas diferentes, crianças esperando a vez e até uma criança em movimento pela "cobrinha".

No segundo registro, Victor aprimora sua organização, a ocupação do espaço e o traçado da figura humana. Nessa representação, os elementos mostrados na primeira se mantêm, entretanto, ele procura mostrar o movimento da corda. Essas percepções de Victor são essenciais para o desenvolvimento das noções de espaço e tempo em matemática.

Aumenta-aumenta

Desenvolvimento:

- Duas crianças seguram firme em cada ponta da corda, que deverá ficar bem esticada e próxima ao chão.
- Depois, cada aluno na sua vez deverá pular a corda, que irá aumentando de altura a cada rodada. O jogo termina quando sobrar um único jogador que ainda consiga pular.

Esta brincadeira está diretamente relacionada com noções de medida e espaço pois, a cada alteração na altura da corda, a criança terá um novo problema para resolver, pondo em prática a sua capacidade para avaliar distância, força e comparar alturas.

Chicotinho queimado

Desenvolvimento:

- Os alunos, divididos em grupos de no máximo dez fazem uma roda.
- Um dos alunos vai para o centro da roda segurando uma corda pela ponta. Ele deve, então, arrastar rapidamente a corda pelo chão para tentar *chicotear* os demais.
- Quem está na roda deve saltar enquanto a corda passa para não ser *queimado* pela corda.
- Quem for queimado sai da brincadeira. Ganha o jogo quem não for queimado.

Zerinho

Desenvolvimento:

- Duas crianças batem a corda segurando-a pelas extremidades.
- A corda é batida em direção às crianças que, uma a uma, tentam passar correndo sem interromper a corda nem tocar nela.

Trata-se de uma brincadeira que envolve coordenação espaçotemporal (distância, velocidade e corrida). Um dos problemas para a criança é saber qual a melhor posição em que deve estar a corda para que se possa passar sem ser tocado por ela.

Além disso, há um outro fator muito interessante no zerinho, que é a perda do medo da corda. Isso faz com que esta brincadeira seja indicada para anteceder qualquer outra brincadeira na qual se tenha que pular corda.

Quando a criança não tem nenhuma vivência com pular corda, o zerinho auxilia a superação desse medo e, portanto, nas brincadeiras mais complexas, elas podem se sair melhor.

Uma das maiores conquistas dos alunos quando brincam de zerinho é o controle do tempo de passagem da corda para poderem correr por baixo dela sem que ela os toque.

Algumas crianças descobrem estratégias surpreendentes para marcar o tempo, como contar enquanto a corda é girada e perceber em quais números ela está em cima para poder passar, bater o pé ou movimentar a mão para marcar o tempo, etc. Muitas vezes essa marcação temporal é expressa nos registros que eles fazem após a brincadeira, como podemos ver nos dois desenhos a seguir.

Observe que em ambos as várias cordas coloridas são uma tentativa de representar os movimentos da corda e seus tempos correspondentes.

Há a possibilidade de se fazer variações do zerinho:

1. Pode-se fazer zerinho mais veloz, ou seja, bater a corda com mais velocidade, o que exigirá da criança uma maior preocupação com a velocidade, o tempo e o espaço ou ainda pedir que passem em duplas sob a corda.
2. *Zerinho com números*: a organização da turma é igual à anterior, no entanto, nessa modalidade, cada criança tem que passar seguidamente pela corda e cada batida corresponde à passagem de uma criança.
   A primeira criança, passando pela corda, diz "um", a seguinte, "dois", e assim por diante, seguindo, em ordem, até que todas tenham passado ou até chegarem a um determinado número decidido pelo grupo.

Pulando Corda

Uma vez que as crianças já estejam familiarizadas com a corda, conseguindo brincar de zerinho com mais facilidade, já é possível iniciar as atividades de pular corda propriamente ditas.

Pular corda é uma brincadeira das mais complexas, uma vez que não apenas exige da criança um domínio maior das ações corporais – subir, descer, tirar os dois pés do chão, equilíbrio – como também requer agilidade, sincronização dos movimentos em relação ao espaço que se tem para pular e ao ritmo da corda. Há pesquisas sobre essa brincadeira indicando que as crianças que têm muitas oportunidades para pular corda ganham uma melhor noção de ritmo e de duração, dois componentes básicos para o desenvolvimento da noção de tempo.

Tradicionalmente, a forma como se orienta essa brincadeira é a seguinte: duas pessoas batem a corda e as demais vão entrando para pular, uma de cada vez. Realizam alguns saltos e saem pelo lado oposto ao que entraram.

Embora já aos quatro ou cinco anos as crianças sejam capazes de iniciar o aprendizado de pular corda, isso exigirá delas e do professor uma certa dose de persistência e, por que não, paciência até que os movimentos e ações necessárias ao pular sejam coordenados e permitam que a brincadeira seja realizada com sucesso. Por isso, nas atividades iniciais de pular corda, assim como na amarelinha, o professor deve pular algumas vezes com as crianças.

O professor pode dar às crianças a oportunidade de evoluírem em suas noções e percepções, sugerindo, algumas vezes, que após a brincadeira as crianças falem sobre suas dificuldades, analisem conquistas e obstáculos. Isso pode ser feito oralmente, por desenho ou texto. Fazer registros após brincar auxilia os alunos a tomarem mais consciência de como pular e quais os aspectos que devem ser levados em conta na brincadeira. Vamos observar alguns registros que exemplificam isso.

Após terem brincado de pular algumas vezes, alunos de cinco anos foram estimulados a falar sobre como se sentiam enquanto pulavam corda. Registramos algumas das impressões das crianças. Vale a pena notar como tais impressões estão no campo das sensações corporais e do movimento da corda, que são características de quem ainda procura dominar e coordenar os movimentos do corpo e da corda para pular com sucesso:

Lucas: Eu achei superlegal, eu achava que tinha sensação de que cada vez que eu pulava, eu ia mais perto do céu. A gente admira o pátio quando chega na escola, então foi fácil (nós conhecemos bem o pátio, pois brincamos na hora da entrada).

Iman: Eu gostei de pular corda porque é muito legal.

José: Quando girava a corda, parecia um chicote, fazia uma forma geométrica parecida com o círculo.

Marco: A corda parecia o gira-girando. Eu achei muito legal, a gente fica pulando ... Quando a corda ia bater no chão a gente pulava...

Bianca: A gente ficava lá no alto e lá no chão. A corda passava por baixo da gente e a gente tinha que pular. Eu achei um pouco difícil pular a corda, porque tem que ficar no alto e pular no chão.

Um grupo de crianças de seis anos sugeriu à professora que produzissem um texto ensinando as pessoas a pularem corda. Vejamos como ficou:

COMO PULAR CORDA

As crianças ficam sentadas uma ao lado da outra, distantes da corda.

São necessárias duas pessoas para bater a corda, que podem ser uma criança e um adulto, dois adultos ou duas crianças.

Uma das crianças que está sentada na ponta levanta e fica ao lado da corda.

As duas pessoas que estão segurando a corda começam a batê-la e a criança que está em pé espera a corda passar em volta do seu corpo e quando estiver chegando perto do seu pé ela pula bem alto para que a corda não bata nela.

Quando a corda faz a volta e passa por baixo dos pés de quem está pulando, esse trajeto parece um círculo.

> A criança vai pulando até errar, ou seja, até a corda bater nos seus pés. Quando isso acontece, a criança senta e vem o próximo, e assim até todos pularem.
> Ganha quem conseguir pular a corda mais vezes.

Esse relato de prática e regras produzido pela classe permite que os alunos aprendam a comunicar um conjunto estruturado de informações que devem ser apresentadas claramente.

No caso do texto acima, a professora fez com os alunos uma lista daquilo que eles achavam essencial aparecer no texto, discutiram a ordem em que essas informações apareceriam e, finalmente, produziram o texto, tendo a professora como escriba.

A seguir apresentamos outras sugestões de atividades que envolvem o pular corda, dando atenção especial às ladainhas para saltar corda. Queremos lembrar mais uma vez que as crianças devem também ter oportunidades de bater corda, revezando-se nessa tarefa. Os grupos em torno de uma corda não podem ser muito grandes, para que os alunos não se cansem de esperar sua vez. As cordas devem ter de três a quatro metros de comprimento e enquanto duas crianças batem a corda e uma pula, as outras esperam sua vez numa fila em forma de semicírculo ou sentadas a uma distância segura, para não serem atingidas pela corda em movimento. A brincadeira, para ter sucesso, não pode ser feita apenas uma única vez.

Bate embaixo, bate em cima

Desenvolvimento:

- Em duplas, os alunos pulam alternadamente.
- A dupla que começa pula contando 1, 2, 3, e os que estão batendo a corda giram-na no alto contando 4, 5, 6, depois a dupla volta a pular 7, 8, 9, e assim por diante, até a dupla errar.
- Entra então uma outra dupla e recomeça a contagem do mesmo modo.

Um passeio

Desenvolvimento:

- Duas crianças batem a corda e uma terceira criança, que estará pulando canta:

    "Um passeio
    Quero, quero dar
    Quero que a Fulana
    Venha me acompanhar
    É um, é dois, é três".

- Ao entoar "É um, é dois ....", a criança convidada entra na brincadeira e pula três vezes junto à outra. Após, a que fez o convite retira-se. A participante convidada continua pulando até fazer um novo convite.

Bater corda ao contrário

Desenvolvimento:

- A batida será feita no sentido de deslocamento da criança.

Esta é a forma mais difícil da criança pular. Ela terá que descobrir que a maneira certa de entrar é saltando no momento em que a corda toca o solo e vem ao seu encontro. Por isso é interessante realizar este tipo de variação quando a criança já tiver realizado outros tipos de brincadeiras de pular e já tenha certa habilidade nelas.

Uma variação dessa forma é realizada quando a criança tem que entrar na corda, pular três vezes e sair pelo lado oposto ao que entrou.

Pular corda com números

Desenvolvimento:

- A primeira criança entra na corda e começa a pular, contando até errar o pulo.
- Quando uma criança errar, sai, e a próxima entra, seguindo o procedimento anterior.
- Ganha a criança que conseguir pular o maior número de vezes.

É possível explorar essa brincadeira um pouco mais, por exemplo, propondo:

1. Que aquele que entra inicia sua contagem de onde o outro parou.
2. Pegar um cartão e marcar até que número pulou. Depois, na classe, organizar os cartões daquele que mostra o maior número de pulos até o menor.
3. Pular corda com números durante quatro semanas, uma vez por semana, e a cada vez marcar em um cartão quantas vezes conseguiu pular. Ao final desse período, cada criança terá quatro cartões, a partir dos quais fazemos os seguintes questionamentos:
    - Quantos pontos cada um fez?
    - Quem na classe pulou mais nessas quatro semanas?
    - Quantas crianças obtiveram o mesmo número de pontos?
    - Vamos organizar um gráfico com nossos resultados?

Ladainhas para saltar corda

Ao propor às crianças que pulem corda, o professor pode introduzir ladainhas que serão recitadas enquanto se realizam movimentos com a corda, individualmente ou em grupo. A ladainha permite à criança desenvolver noções espaçotemporais ao exigir que coordene seu ritmo ao movimento de saltar a corda.

Para a execução desse trabalho é fundamental que a criança já tenha experimentado a corda (comprimento, peso, etc.), bem como realizado alguns exercícios com ela estendida no chão e outros como cobrinha, zerinho e até o "pular corda".

O aprendizado das ladainhas pode se dar de duas formas:

- *Antes da brincadeira*: o professor reúne as crianças em círculo e ensina a música da ladainha.
- *Junto com a brincadeira*: o professor vai recitando os versos enquanto solicita a execução do movimento.

A solicitação de recitar ao mesmo tempo em que salta a corda, a troca constante de papéis e a existência de diálogos nas brincadeiras motivam as crianças a repetirem inúmeras vezes a atividade. Essa maior quantidade de repetições levará ao desenvolvimento da resistência de força nos saltos, além de auxiliar na ampliação da coordenação dos movimentos necessários para saltar.

As brincadeiras com ladainhas desenvolvem a fala e a linguagem, exercitam a memória, facilitam a aprendizagem da sequência do movimento em si, sustentam a uniformidade da velocidade de execução de movimento e dão ideia da duração do tempo.

Além disso, representam a transmissão de conteúdo cultural, o que é fundamental, pela importância da preservação da cultura como elemento de identificação de um povo, e pela proposta de trabalho em sala de aula, que considera relevante o conhecimento que a criança já possui ao chegar à escola.

O professor pode sugerir que as crianças mudem o andamento (mais rápido/mais lento) da ladainha, o que provocará uma adequação do ritmo individual ao grupal.

Do ponto de vista da matemática, o trabalho com ladainhas auxilia no desenvolvimento das noções de espaço e tempo, além de permitir ao aluno perceber sequências e regularidades. Isto ocorre através da relação entre a letra, o ritmo da ladainha e a coordenação para pular a corda.

Sugestões de ladainhas

1. Salada, saladinha,
   Feijão com pimenta,
   Na hora da janta,
   Não tem quem aguenta!

2. Salada, saladinha,
   Bem temperadinha,
   Sal, pimenta, salsa, cebolinha,
   É um, é dois, é três!

Nestes dois exemplos de ladainhas, duas crianças movimentam a corda em pêndulo, enquanto outra salta e recita a ladainha.

3. Quantos anos você tem?
   É um, é dois, é três.

4. Com quem você vai casar?
   Loiro, moreno, careca, cabeludo, rei, ladrão, soldado, barrigudo,
   É um, é dois, é três!

5. Quem é o dono do seu coração?
   É A, é B, é C, é D, ...

Nessas três sugestões, brinca-se do mesmo jeito: duas crianças batem a corda (girando). Outra criança salta recitando a ladainha até o fim e sai da corda.

6. Subi numa roseira
    Quebrei um galho
    Me segure, "Fulana"
    Se não eu caio.

Para esta ladainha formam-se grupos de quatro a seis crianças com uma corda. Duas crianças batem a corda, girando-a. Outra criança entra na corda, recita os versos até o fim, diz o nome de quem a substituirá (Fulana).

7. – Ai, ai. (criança que salta)
    – Que tem? (grupo)
    – Saudades. (criança que salta)
    – De quem? (grupo)
    – Do cravo, da rosa, da malva cheirosa,
      da "Fulana" bonita do meu coração. (criança que salta)

Para acompanhar o ritmo, são formados grupos de quatro a seis crianças com uma corda.

Duas crianças batem corda, girando-a; outra criança entra na corda e inicia o diálogo com o grupo; ao final, diz o nome daquela que a substituirá (Fulana), e sai da corda.

8. – Tum, tum. (grupo)
    – Quem é? (quem salta)
    – É o padeiro. (quem vai entrar)
    – O que quer? (quem salta)
    – Dinheiro. (quem vai entrar)
    – Pode entrar que eu vou buscar o seu dinheiro, lá embaixo
      do travesseiro, na cama de solteiro. (quem salta)
    – É um, é dois, é três (grupo)

Para esta ladainha, formam-se grupos de quatro a seis crianças com uma corda. Duas crianças batem a corda, girando-a. As outras formam uma pequena coluna. A primeira criança da coluna entra na corda e estabelece um diálogo com a segunda, que a substituirá ao final dos versos, e assim por diante.

9. Um homem bateu à minha porta
    e eu abri,
    Senhoras e senhores,
    (dá uma voltinha)
    Senhoras e senhores,
    (pula num pé só)
    Senhoras e senhores,
    (pula num pé só)
    Senhoras e senhores,
    (põe a mão no chão)
    E vai... pro olho... da rua!

Nesta modalidade, duas crianças batem a corda, girando-a. Todas as crianças recitam a ladainha. Durante o primeiro verso, uma delas entra na corda e vai executando os movimentos citados; no último verso, ela sai da corda. Reinicia-se a brincadeira com a entrada de outra criança.

O professor e as crianças podem criar movimentos mais complexos, como, por exemplo, pular agachado, pular batendo palmas, etc.

10. Batalhão-lhão-lhão
Quem não entra é um bobão!
Abacaxi-xi-xi
Quem não sai é um saci.

Para este ritmo, duas crianças batem corda, girando-a. Durante a primeira metade da ladainha as crianças são desafiadas a entrar na corda e na segunda metade devem sair.

Além das ladainhas apresentadas pelo professor, a classe pode ser estimulada a criar suas próprias ladainhas, decidindo os versos, o ritmo e as regras.

Veja uma ladainha criada por crianças de cinco anos:

LADAINHA PARA PULAR CORDA

- De quem você gosta mais?
- De quem não me bate mais.
- De quem você gosta menos?
- De quem me der veneno.

(Texto produzido pelas crianças do Jardim II em 06 de novembro de 1998.)

Após essas atividades, o professor pode organizar outras nas quais noções matemáticas, como as de número, por exemplo, estejam mais explícitas.

Brincadeiras de Perseguição

Na sua forma mais tradicional, as brincadeiras de perseguição aparecem com os nomes de pegador, pega-pega, esconde-esconde e piques.

Segundo Kamii (1991), as brincadeiras de perseguição estimulam o processo de descentração de pensamento e a elaboração de estratégias para fugir do perseguidor ou para perseguir; estas estratégias exercitam o raciocínio espacial, pois levam as crianças a tentarem descobrir, por exemplo, o caminho mais curto ou a inverter a direção para fugir do perseguidor ou para pegar alguém de surpresa. Esse processo permite a tomada de consciência de seus próprios recursos corporais, ou seja, do controle do próprio corpo.

Isto porque as estratégias que as crianças desenvolvem para fugir de um perseguidor ou para perseguir exigem que elas percebam o ponto de vista do seu oponente para fazer aquilo que ele não espera, pegando-o de surpresa. É preciso também distinguir quem é o perseguidor e quem está sendo perseguido, o que às vezes muda rapidamente no decorrer de um jogo. Aos quatro anos as crianças já começam a entender este tipo de jogo à medida que vão tendo condições de coordenar intenções opostas e começam a elaborar processos de descentração.

Do ponto de vista da relação com a matemática, além dos aspectos mencionados que para nós são soluções de problemas, consideramos que através deste tipo de brincadeira é possível que as crianças desenvolvam relações temporais, espaciais-numéricas e avaliação de distância e velocidade, todas relacionadas, portanto, a noções de números, medidas e geometria.

A seguir indicamos algumas brincadeiras de perseguição, mas o professor poderá coletar outras que conheça ou das quais seus alunos saibam as regras. A maioria dessas brincadeiras pode ser feita a partir dos quatro anos, envolvem a classe toda e não necessitam de nenhum recurso sofisticado, apenas espaço para as crianças realizarem as tarefas sem correr riscos físicos, uma vez que geralmente elas exigem corrida.

Caçadores de tartaruga

Organização da classe: um caçador para cada grupo de dez crianças; dos quadrados desenhados no chão, que serão as jaulas, um para cada caçador.

Desenvolvimento:

- As crianças se dispersam pelo espaço no qual o jogo se realizará.
- O início do jogo pode ser feito através da ordem "Caçadores, peguem as tartarugas". Neste momento os caçadores saem correndo para tentar pegar os companheiros (tartarugas). Estes devem evitar ser apanhados imitando uma tartaruga: deitando-se de costas no chão e encolhendo braços e pernas. Enquanto estiverem nessa posição não poderão ser caçados.
- O jogador (tartaruga) que for preso será colocado na jaula do caçador que o capturou e ficará lá até que o jogo acabe.
- O jogo acaba quando todas as tartarugas forem pegas. O vencedor será o caçador com o maior número de "presas".

Essa é uma brincadeira que faz muito sucesso entre as crianças e geralmente causa alguma polêmica, a partir do momento em que elas têm que decidir quem será caçador e quem será tartaruga. Resolver isso não é tão simples, uma vez que muitos gostam de perseguir e poucos querem ser caçados.

O professor pode intervir dizendo que esta é uma brincadeira que será repetida outras vezes e que eles devem pensar nisso para decidir seus papéis.

Outra finalidade que surge, especialmente para as crianças de quatro anos, é coordenar as ações de deitar, encolher pernas e braços, deitar devagar, fugir de dois caçadores ao mesmo tempo.

Tais dificuldades progressivamente são superadas, especialmente após a terceira ou quarta vez em que brincam e se, depois de cada jogada, puderem parar para falar sobre suas dificuldades, analisar conquistas e obstáculos. Isso pode ser feito oralmente, por desenho ou texto.

Observemos dois registros feitos por uma aluna de quatro anos nos meses de março e abril, respectivamente. (p. 67)

No primeiro, Marcela apenas desenha algumas crianças e uns corações que não estavam muito relacionados à atividade propriamente dita, mas que mostram quanto ela gostou de brincar.

Já no segundo aparecem quatro crianças, sendo que uma está deitada em posição de fuga e outra é feita com uma cor diferente. A criança deitada é um sinal de que o próprio desenhista conquistou agilidade para fazer esse movimento e a cor aparece para simbolizar o caçador vencedor.

Finalmente, um último detalhe ao qual o professor deve ficar atento é o fato de que durante o jogo muitas "tartarugas" só querem ficar deitadas, gerando muitas vezes protestos por parte dos caçadores.

Se isto ocorrer, procure conduzir uma conversa sobre o papel que cada um desempenha nesse jogo, trazendo à tona a necessidade de haver um perseguidor e um fugitivo, resultando importância da cooperação. A produção de um texto coletivo ao final da brincadeira também auxilia na percepção da interdependência das ações de fugir e perseguir:

COMO SE BRINCA DE CAÇADORES DE TARTARUGAS

1. Combina-se quais serão os três ou quatro caçadores.
2. As outras crianças serão tartarugas.
3. Cada caçador escolhe onde irá guardar suas tartarugas.
4. A professora diz: "caçadores, peguem as tartarugas".
5. As crianças que são tartarugas correm dos caçadores.
6. Para não serem pegas, as crianças ficam em posição de tartaruga.
7. A criança que não estiver em posição de tartaruga, o caçador pega e prende no lugar que escolheu.
8. Cada caçador faz uma fila com as tartarugas que pegou.
9. Ganha o caçador que pegar mais tartarugas.

(Texto dos alunos do Jardim II A 25 de maio de 1998.)

Uma variação deste jogo é *Caçador de avestruz*. Nesta modalidade, para fugir a caça deve fingir-se de avestruz abaixando a cabeça, erguendo uma perna e segurando o joelho com as duas mãos entrelaçadas.

Para as próximas sugestões de brincadeiras apresentaremos apenas as regras e, em uma ou outra, ligeiras observações, uma vez que o professor pode basear-se nos comentários que fizemos para Caçadores de tartaruga ao orientar o desenvolvimento de cada uma com sua classe.

Coelho sai da toca

Organização da classe: cada aluno fica dentro de um círculo (*toca*) desenhado no chão. Apenas uma criança fica sem toca, ela será o pegador.

Desenvolvimento:

- As tocas desenhadas no chão ficam a uma distância de uns dois metros umas das outras, dispostas num grande círculo.
- O pegador fica no centro.
- A um sinal combinado com a classe, geralmente a fala "Coelho sai da toca", os alunos devem trocar de toca e o pegador tenta pegar uma toca para si. Se conseguir, a criança que ficar sem toca vai para o centro da roda.
- Vence o jogador que menos vezes for ao centro.

Barra manteiga

Organização da classe: dois grupos com o mesmo número de alunos.

Desenvolvimento:

- As crianças, no pátio, dividem-se em dois grupos com a mesma quantidade de pessoas (se o número total de alunos der ímpar, sugerimos que um deles seja o juiz).
- Os grupos se colocam frente a frente, sobre duas linhas paralelas previamente traçadas no chão, distantes 15 metros uma da outra.
- Um sorteio é feito para decidir qual das equipes iniciará o jogo.
- Uma criança do grupo sorteado, o fugitivo, irá até a outra equipe, onde todas as crianças deverão estar com uma das mãos estendidas. O fugitivo bate na palma da mão direita estendida dos adversários recitando:

    Barra manteiga
    Na fuça da nega
    Minha mãe
    Mandou bater
    Nesta daqui,
    Um, dois, três.

- Bate então mais fortemente na mão de uma das crianças, em sinal de desafio, fugindo para o seu grupo, enquanto o desafiado tenta prendê-lo antes de transpor a linha.

- Se alcançado, o fugitivo irá para a prisão do campo contrário ao dele e a criança que o pegou será o novo fugitivo. Se o fugitivo não for alcançado, ele continua na sua equipe e o jogo será reiniciado com um elemento da sua equipe.
- A linha demarcatória não pode ser ultrapassada pelo perseguidor. Se isto ocorrer, ele irá para a prisão da outra equipe.
- Depois de algum tempo, a professora interrompe o jogo e os alunos irão verificar qual é a equipe que tem mais prisioneiros. É importante deixar que os próprios alunos decidam esta questão.

Observar os registros de Barra manteiga nos permite perceber que os alunos valorizam muito o papel das mãos por serem responsáveis pelo ato de bater. Por isso, muitas vezes elas aparecem grandes nos desenhos.

Outro detalhe marcante para os alunos nessa brincadeira é a percepção do espaço a ser percorrido na fuga, bem como a disposição dos times para brincar. Tais aspectos podem ser identificados nos registros a seguir:

Mãe da Rua

Organização da classe: são traçadas, no espaço onde será realizada a brincadeira, duas linhas distanciadas 3 ou 4 metros uma da outra. A mãe da rua fica no centro e os demais participantes colocam-se atrás de uma das linhas, no *seguro*.

Desenvolvimento:

- Uma criança é escolhida por sorteio, ou se oferece, para ser a Mãe da rua. Ela fica no meio das duas linhas.
- Os jogadores procuram atingir a linha oposta, pulando em um pé só, sem serem apanhados pela "Mãe da rua".
- Quem for pego substituirá a Mãe da rua.
- Quando os jogadores demoram a sair do lugar seguro, a Mãe da Rua diz: "*Vou contar até dez, quem não passar, será a Mãe da rua*".

Esta brincadeira recebe o nome de Mãe da rua porque normalmente ela é realizada na rua, onde as duas linhas laterais são as calçadas e o espaço central é a rua.

Nessa brincadeira de perseguição não há vencedor, o que acontece apenas é a criança que era o perseguidor passar a ser perseguida e vice-versa.

Esconde-Esconde

Organização da classe: um é o pegador e os demais vão se esconder.

Desenvolvimento:

- A brincadeira se inicia com o pegador escondendo o rosto no *bate-cara* e iniciando a contagem até um número previamente combinado entre todos, enquanto os demais vão se esconder num local qualquer, dentro de um espaço delimitado pelo grupo.
- Após o término da contagem a criança que é o pegador sairá procurando onde as outras estão escondidas.
- À medida que as vai encontrando, deve correr até o *bate-cara* e gritar o nome da criança descoberta. Para tentar salvar-se, a criança que foi descoberta deve sair correndo junto com o pegador e tentar bater primeiro com a mão no *bate-cara*, gritando "Um, dois, três, salvo!".
- Na próxima rodada, quem irá fazer a contagem é a primeira que foi encontrada sem ser salva.

O esconde-esconde, como a maioria das brincadeiras infantis, possui vários aspectos educacionais envolvidos no simples ato de se divertir brincando com os colegas.

Entre estes aspectos, um é parte da estrutura do jogo, que é a contagem. Essa contagem é feita em voz alta, por uma criança do grupo que está de olhos fechados, enquanto o grupo poderá ter tempo suficiente para procurar locais nos quais vão se esconder da criança que está contando. Isto significa que a criança tem que desenvolver um ritmo de contagem que não seja rápido demais para que os outros possam se esconder, e nem lento demais que torne a brincadeira demorada. O mesmo tipo de relação de tempo se dá com quem está se escondendo.

Ainda com relação a quem está contando, surgirá uma necessidade natural de fazer cálculos de adição e subtração para prever quantos elementos já foram pegos, quantos se esconderam, quantos ainda estão escondidos, etc., o que favorece noções de contagem e cálculo mental. Veja como crianças de seis anos representam algumas das ações envolvidas nessa brincadeira:

Brincadeiras de Roda

As brincadeiras de roda são muito simples e se caracterizam, entre outras coisas, como momentos nos quais a criança encontra-se geralmente descontraída e também bastante integrada ao restante do grupo. Talvez, dentre todas, seja aquela que mais depende da integração de todo o grupo para poder ser realizada. Por isso, as brincadeiras de roda são uma atividade de grande valor educativo e se constituem num recurso natural para auxiliar as crianças a se socializarem e conviverem umas com as outras. A roda em si é representada por todos os participantes exercendo uma mesma função, a de componentes igualmente importantes, sem os quais a roda não se faz.

Assim, como um círculo, a roda não tem começo e nem fim, logo não existe primeiro nem último como em muitas brincadeiras e jogos que são realizados pelas crianças e que algumas vezes, mesmo que indiretamente, podem vir a incutir nas crianças conceitos de mais especial, menos importante, etc. Além disso, o fato do círculo não possuir começo nem fim poderá refletir positivamente na reação das crianças à medida que estas estarão se situando como importantes membros de um lugar pertencente a elas por excelência dentro do grupo, especialmente aquelas que demonstram timidez ou fracassam muitas vezes em jogos que exigem competição.

Ainda dentre os aspectos mais favoráveis das brincadeiras de roda, destacamos um que, embora bastante simples, possui uma particularidade que consideramos única: o fato de as crianças estarem dispostas lado a lado e frente a frente, situação que favorece a lealdade, o companheirismo, a percepção do coletivo e do outro em todas as crianças.

As brincadeiras de roda podem ainda propiciar às crianças o desenvolvimento de sua autonomia à medida que, longe da presença do professor, elas poderão continuar brincando, adequando aí suas regras e etapas da brincadeira de acordo com o restante do grupo, sejam seus vizinhos ou crianças de outros grupos aos quais a criança pertença.

Brincar de roda contribui para o desenvolvimento de coordenações sensório-motoras, educa o senso do ritmo, desenvolve o gosto pela música, proporciona contato sadio entre crianças de ambos os sexos e disciplina emoções como timidez, agressividade e prepotência.

No que se refere à matemática, podemos dizer que as brincadeiras de roda favorecem o desenvolvimento da noção de tempo através da sincronia entre movimento e música e do próprio ritmo da música, noção de espaço, a possibilidade de trabalhar com sequências através das letras e ritmos das músicas e, em algumas rodas especificamente, podemos desenvolver noções referentes a números, tais como a contagem e a noção de par.

Desta forma, se o professor quiser canalizar o recurso das brincadeiras de roda[1] para suas aulas, certamente encontrará um forte aliado para o desenvolvimento físico, social e cognitivo de seus alunos.

Para que as brincadeiras de roda tenham sucesso é aconselhável que o professor esteja atento:

- à escolha das brincadeiras de roda, que não deve ser feita aleatoriamente e de última hora, deve haver planejamento;
- à sequência das brincadeiras: primeiro deve-se dar aquelas com cantigas mais fáceis (em que todas as crianças tomam parte simultaneamente) e, posteriormente as que determinam situações de destaque. Por último, serão ensinadas as brincadeiras que exigem movimentação complexa, ou seja, aquelas que envolvem explicação mais detalhada dos movimentos;
- à respectiva letra de cada brincadeira de roda, deixando que as crianças conheçam de modo calmo e pausado todas as palavras.

As brincadeiras de roda não exigem recursos especiais, podem ser realizadas com a classe toda e com alunos desde os três anos, sendo que na maioria das atividades as crianças se organizam na roda de mãos dadas. Novamente sugerimos que, sempre que possível, o professor brinque de roda com seus alunos para que possa perceber as reações do grupo, dando oportunidade aos tímidos, encorajando-os e conduzindo-os à liderança, controlando os mais agitados, incentivando o respeito aos outros e integrando todos do grupo.

---

[1] Para este trabalho as brincadeiras de roda podem ser cantadas ou não.

Se eu fosse um peixinho

Desenvolvimento:

- Em roda, as crianças começam a cantar a seguinte cantiga:

  "Se eu fosse um peixinho
  e soubesse nadar
  eu jogava a ...
  no fundo do mar..."

- À medida que as crianças cantam, uma delas deverá ir para dentro da roda, precisamente no trecho:

  "...eu jogava a...
  no fundo do mar"

- Em determinado momento, o número de crianças dentro da roda será maior do que o número de crianças que formam o círculo.
- A esse grupo, será dado o nome de "lixeira", representando a camada de lixo que se forma no fundo do mar.
- A sequência da brincadeira se dará quando a roda passar a tirar o grupo de dentro da roda cantando:

  "Se eu fosse um peixinho
  e soubesse nadar
  eu tirava a...
  do fundo do mar"

Essa brincadeira permite conversar com as crianças sobre:

- quantas crianças já estão dentro da roda?
- quantas crianças estão na roda?
- onde há mais crianças, dentro ou fora da roda?

Quando realiza esta brincadeira e os respectivos questionamentos, o professor estará propiciando um contexto para os alunos desenvolverem noções referentes a adição e subtração.

Vejamos alguns desenhos produzidos por crianças de cinco anos após terem brincado com essa cantiga de roda.

Ao fazer seus registros para a brincadeira de roda, a maior dificuldade dos alunos é dispor as crianças de seus desenhos numa organização circular, como reflete o desenho abaixo, feito por Marina:

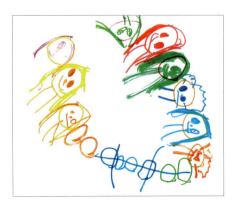

Por isso, muitas vezes há alunos que se valem do traçado de um círculo para desenhar a roda, como mostra a representação de Carolina:

Há alunos, como Priscila, que resolvem a organização circular desenhando apenas as cabeças das crianças da roda.

Fazer desenhos de brincadeiras de roda auxilia as crianças a perceberem intuitivamente importantes características da circunferência: redonda, todos os pontos equidistantes do centro, não há um ponto de destaque, etc.

Há muitas outras cantigas que podem ser utilizadas em brincadeiras de roda, por exemplo:

Caranguejo

I   Caranguejo não é peixe
     Caranguejo peixe é
     Caranguejo só é peixe
     Na enchente da maré

II Palma, palma, palma
Pé, pé, pé
Roda, roda, roda
Caranguejo peixe é

Ao cantar a música, na primeira estrofe a roda progride no sentido dos ponteiros do relógio. Na segunda, à voz de "palma, palma ...." as crianças batem palmas. À voz de "pé, pé ...." batem os pés. Ao dizerem: "... roda, roda...", giram sobre si mesmas. A seguir, ao entoarem "... Caranguejo peixe é ..." pulam, agachando-se no chão. A criança que não se agachar terá que sair da roda.

Carneirinho, carneirinho

Carneirinho, carneirão-neirão-neirão
Olhai pro céu, olhai pro chão, pro chão, pro chão
Manda o Rei, Nosso Senhor, Senhor, Senhor
Para todos ajoelhar.

Carneirinho, carneirão-neirão-neirão
Olhai pro céu, olhai pro chão, pro chão, pro chão
Manda o Rei, Nosso Senhor, Senhor, Senhor
Para todos se levantar.

Carneirinho, carneirão-neirão-neirão
Olhai pro céu, olhai pro chão, pro chão, pro chão
Manda o Rei, Nosso Senhor, Senhor, Senhor
Para todos se sentar.

Carneirinho, carneirão-neirão-neirão
Olhai pro céu, olhai pro chão, pro chão, pro chão
Manda o Rei, Nosso Senhor, Senhor, Senhor
Para todos se levantar.

Carneirinho, carneirão-neirão-neirão
Olhai pro céu, olhai pro chão, pro chão, pro chão
Manda o Rei, Nosso Senhor, Senhor, Senhor
Para todos se deitar.

Carneirinho, carneirão-neirão-neirão
Olhai pro céu, olhai pro chão, pro chão, pro chão
Manda o Rei, Nosso Senhor, Senhor, Senhor
Para todos se levantar.

A roda gira e canta, com as crianças executando os movimentos determinados na letra. Ajoelhadas, sentadas ou deitadas, continuam cantando e obedecendo às ordens.

A canoa virou

I A canoa virou
Deixá-la virar
Por causa de (nome da pessoa)
Que não soube remar

II Se eu fosse um peixinho
E soubesse nadar
Tirava (nome da pessoa)
Do fundo do mar.

A roda gira cantando a primeira quadra, na qual é mencionado o nome de uma criança.

Esta, deixando as mãos das companheiras, faz meia volta, dá-lhes novamente as mãos e, de costas para o centro da roda, continua a caminhar. Novamente é cantada a primeira quadra, sendo escolhida a criança que estiver à esquerda daquela que virou, procedendo da mesma maneira que sua companheira.

Assim continua a brincadeira, até todas estarem de costas para o centro da roda. Quando a segunda quadra foi iniciada ("Se eu fosse um peixinho..."), atendendo ao chamado de seu nome, as crianças voltam à posição inicial, mencionando-se sempre aquela que estiver à esquerda da última que virou.

Há também a possibilidade de alterar os movimentos das crianças na roda, fazendo-se, por exemplo, duas rodas concêntricas e sugerindo-se que, enquanto uma gire para a direita, a outra gira para a esquerda. Depois, quando muda a estrofe da música, as rodas invertem a direção do giro e, assim, até o final da música.

Há outras cantigas de roda que permitem explorações que vão além dos movimentos, direção e sentido. Vejamos:

A galinha do vizinho

"A galinha do vizinho bota ovo amarelinho.
bota 1,
bota 2,
bota 3,
bota 4,
bota 5,
bota 6,
bota 7,
bota 8,
bota 9,
bota 10".

A cada número declamado, as crianças pulam. Ao dizerem "bota dez", todas as crianças se abaixam. Aquelas que não se abaixarem irão para dentro da roda "chocar ovos".

Cantigas de roda envolvendo sequências numéricas são um bom recurso para estimular nos alunos o reconhecimento da sequência numérica convencional e a contagem, dois procedimentos importantes no processo de conhecimento dos números naturais.

A cantiga "A galinha do vizinho" pode também ser usada para explorar outras noções, tais como representação de quantidades, escrita dos numerais, comparação de quantidades, entre outras. Para isso o professor pode:

- reconstruir a roda, levando as crianças à contagem de trás para frente: bota 10, bota 9, bota 8...;
- dar a letra da música por escrito sem os números e, cantando com a classe, pedir aos alunos que escrevam os numerais para completar a parlenda;
- criar uma cantiga de roda parecida com essa;
- pedir aos alunos que, numa folha de papel em branco, desenhem a galinha e a quantidade de ovos que ela botou, escolhendo de 1 a 10. Feito o desenho, questiona: alguém desenhou uma galinha que tenha botado dois ovos? E três? Qual a galinha que botou mais ovos?

Corre-cotia

- Corre-cotia (criança)
- Na casa da tia (grupo)
- Corre-cipó (criança
- Na casa da vó (grupo)
- Lencinho na mão (criança)
- Caiu no chão (grupo)
- Moça-bonita (criança)
- Do meu coração (grupo)
- Pode jogar? (criança)
- Pode (grupo)
- Ninguém vai olhar? (criança)
- Não (grupo)

Para essa brincadeira as crianças ficam sentadas em círculo de olhos fechados, enquanto uma permanece em pé, fora da roda.

A criança que não está na roda percorre o círculo por fora, com uma bola ou qualquer outro objeto na mão, fazendo o diálogo cantado com o grupo.

Após dar três voltas em torno do grupo, a criança colocará o objeto atrás de um colega do círculo. Todos abrem os olhos e a criança atrás da qual o objeto foi colocado deve pegar o objeto e sair correndo atrás do colega que o colocou. Após três voltas, se não for pego, o colega deverá sentar-se no lugar do outro, e assim continua a brincadeira. Porém, se for pega, a criança deverá agachar-se no centro do círculo, simulando que está "chocando" um ovo.

A brincadeira Corre-Cotia pode remeter as crianças, sem que elas percebam, a uma grande "aula" de autonomia e organização, já que vai exigir que elas façam com que a preparação e realização organizada da brincadeira sejam uma condição necessária para que o jogo aconteça. Para os alunos essa brincadeira também permite que realizem contagens, controlem o número de crianças dentro e fora do círculo e desenvolvam noções de espaço e tempo.

Os desenhos a seguir foram feitos por crianças de seis anos.

Note no primeiro desenho como havia tensão no brincar, isso está expresso pelas bocas dos bonecos desenhados. Para algumas crianças é difícil lidar com a espera e, de certa forma, assustador esperar para ver se o objeto será colocado atrás dela. Geralmente ocorre com alunos que sabem que terão que superar obstáculos, tais como correr rápido, para não perder seu lugar no círculo.

Nos demais registros vale a pena destacar a roda já mais delineada, o posicionamento das crianças, o destaque para o aluno que está de fora e a preocupação em representar fielmente a quantidade de alunos na roda e dentro dela. Vale ainda destacar o uso das cores para simbolizar meninos, meninas, amigos mais próximos, a si mesmo dentro da roda, etc.

Outras Brincadeiras

Para encerrar nossa exploração das brincadeiras infantis nas aulas de matemática, gostaríamos de mencionar algumas outras brincadeiras que, embora não se encaixem especificamente dentro das categorias que destacamos na parte inicial deste trabalho, nos têm sido muito úteis no ensino da matemática, seja por permitirem a abordagem das noções mencionadas nas brincadeiras anteriores ou por atenderem outras necessidades das ações em classe, tais como desenvolvimento da cooperação, de habilidades corporais, atenção e concentração para consignas verbais, etc.

Destacaremos quatro brincadeiras em especial: *Elefante colorido*, *Eu com as quatro*, *Paredão* e *Revezamento de bolas em colunas*.

Elefante colorido é uma brincadeira que temos utilizado para iniciar atividades com regras com alunos de pouca idade ou com aqueles que não têm nenhuma familiaridade com brincadeiras infantis. Por apresentar um número pequeno de regras e não ressaltar de modo muito direto a competitividade, esta brincadeira permite aos alunos perceberem como brincar num espaço mais amplo, que tipo de atitudes devem ter diante de regras combinadas com todo o grupo, por que é importante prestar atenção nas instruções dadas e quais os aspectos da brincadeira que permitem que alguém seja vencedor. Vejamos como se brinca.

Elefante colorido

Desenvolvimento:

- A classe fica disposta próxima a uma parede ou outro lugar combinado.
- O professor ou uma criança diz: *Elefante colorido um, dois, três.*
- Os demais perguntam: *que cor?*
- Quem está no comando diz a cor e, então, as crianças devem correr e procurar a cor.
- Quem conseguir ser o primeiro a encostar na cor pedida será o próximo a dizer *elefante colorido.*

Os alunos de três e quatro anos costumam gostar muito dessa atividade, seja pela busca de cores, pelo fato de que encontrar a cor depende apenas de suas habilidades pessoais ou porque as regras sejam simples e fáceis de seguir. Veja alguns desenhos de alunos de três anos para essa brincadeira:

Temos utilizado as duas brincadeiras seguintes como auxílio no desenvolvimento de habilidades de coordenação motora, para o aumento da capacidade de concentração e de sincronização de movimentos, da coordenação de relações espaçotemporais, da atenção e da capacidade de observação.

Eu com as quatro

Organização da classe: toda a classe dividida em grupos de quatro crianças.

Desenvolvimento:

- Quatro crianças formam um círculo, sem se dar as mãos. O jogo consiste num movimento sequenciado de batidas com as palmas das mãos, acompanhadas pelos seguintes versos ritmados:

  Um, dois, três, quatro
  Eu com as quatro,
  E eu com essa,
  Eu com aquela,
  E nós por cima,
  E nós por baixo. (Bis)

- A brincadeira começa com as quatro crianças dizendo ao mesmo tempo o primeiro verso (Um, dois, três, quatro), batendo com as mãos nas laterais das coxas. A seguir, vão cantando os outros versos, sempre acompanhados de novos movimentos com as mãos, numa bonita coreografia sincronizada.
- Seguindo a música, as crianças batem palmas, ora com quem está ao lado, ora com quem está à frente, alternando uma vez por cima e outra por baixo; uma vez com o companheiro da esquerda e outra com o da direita.
- A velocidade da brincadeira pode variar o seu grau de dificuldade de acordo com o grupo.

Paredão

Desenvolvimento:

- É entregue uma bola para cada quatro alunos da classe.
- Cada criança bate com a bola na parede, procurando manter certa regularidade rítmica, que poderá ser mais ou menos acelerada, dependendo de suas habilidades. A bola é batida na parede segundo o ritmo da parlenda abaixo, que deve ser falada em voz alta enquanto as ações são realizadas:

  Ordem, em seu lugar
  Sem rir, sem falar
  Um pé (elevar o pé)
  Com o outro (elevar o outro pé)
  Uma mão (utilizar a direita para o arremesso)
  Com a outra (utilizar a esquerda para o arremesso)
  Bate palmas (bater palmas rapidamente enquanto a bola vai e vem)
  Piruetas (dar um giro de uma volta e pegar a bola)
  Mão em cruz (cruzar os braços no peito)
  Trás e frente (bater palmas nas costas e na frente)
  Deixa cair (joga a bola na parede e deixa cair para finalizar a sequência).

- Quem erra cede lugar a outro jogador.
- O jogador que consegue dizer toda a parlenda executando as ações e sem deixar a bola cair tem direito a repetir a vez.

O jogo a seguir tem sido utilizado por nós como uma das formas de estimular a cooperação, isto é, a participação das crianças numa ação que só terá sucesso se um participante ouvir o outro, se todos fizerem sua parte com atenção.

Revezamento com bolas em colunas

Recursos necessários: duas bolas.

Desenvolvimento:

- A classe forma dois times, que se organizam em duas colunas, distantes aproximadamente três metros uma da outra.
- Cada equipe escolhe alguém para marcar seus pontos.
- Os jogadores permanecem em pé, de pernas abertas, um atrás do outro, e o primeiro jogador de cada coluna ganha uma bola
- A um sinal combinado, o primeiro jogador de cada grupo passa a bola por cima, entregando-a ao colega que está atrás e assim até que o último fique com a posse da bola.
- O último do grupo a ficar com a bola deve fazê-la voltar, passando por baixo das pernas do jogador que está a sua frente, até que ela chegue às mãos de quem iniciou a brincadeira.
- A primeira equipe que consegue fazer o percurso todo ganha um ponto.
- A equipe que fizer mais pontos em dez percursos será a vencedora do jogo.

Usamos esta brincadeira com crianças de cinco anos que apresentavam muitas dificuldades em dividir materiais, em ouvir o outro, em trabalhar em grupo. Os alunos participaram ativamente desde a escolha das equipes e seu nome...

...durante a realização da brincadeira...

...até o registro final das regras.

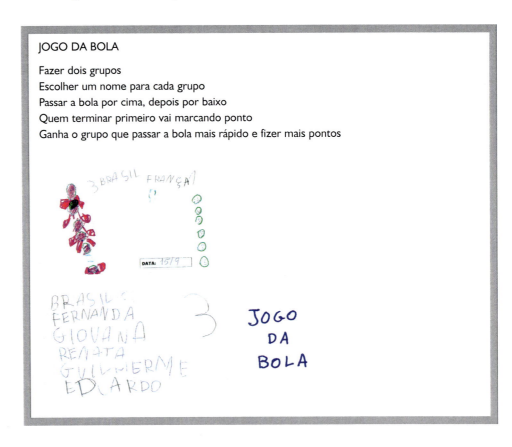

Tal participação fez com que percebessem que poderiam ter mais sucesso num esforço conjunto. Após brincar com a classe algumas vezes, cuidando para revezar as equipes, a professora percebeu uma mudança radical no relacionamento dos alunos e pôde, finalmente, realizar com sucesso atividades que exigiam duplas, grupos e mesmo a classe toda.

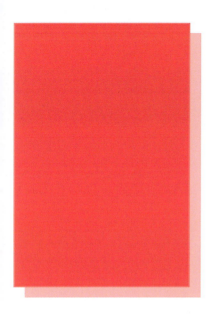

Para Encerrar

Acreditamos que este livro possa ter trazido para o professor diversas ideias de como diversificar suas ações pedagógicas para que seus alunos tenham novas oportunidades de aprender matemática. Além disso, esperamos ter propiciado reflexões sobre a importância das brincadeiras no ensino e aprendizagem da matemática na Educação Infantil.

Certamente as brincadeiras não são o único recurso para fazer as crianças se aproximarem do conhecimento matemático, mas utilizar sua riqueza, seu encantamento, em algumas oportunidades permite que o ensino de matemática ocorra de modo mais natural, abrangendo diversas competências dos alunos, dando mais oportunidades para que todos aprendam.

Ao concluir a leitura deste livro, sugerimos ao professor que volte a alguns pontos do texto que para nós são essenciais: releia sobre a importância da comunicação, retome algumas das brincadeiras, faça uma nova leitura da Introdução para perceber mais claramente as relações entre nossa concepção de ensino e aprendizagem, a proposta das brincadeiras e a prática relatada. Experimente realizar algumas das propostas com sua classe e, depois, se desejar, nos escreva para dar sua opinião, contar sua prática, tirar dúvidas. Nosso endereço é:

Penso Editora Ltda.
A/C de Kátia Stocco Smole, Maria Ignez ou Patrícia Cândido
Av. Jerônimo de Ornellas, 670
CEP 900040-340 Porto Alegre, RS – Brasil

Quadro de Livros

O quadro que apresentamos a seguir é um indicador de livros nos quais o professor pode encontrar outras brincadeiras que complementam e ampliam as sugestões que demos aqui.

Nossa organização seguiu os tipos de brincadeiras que apresentamos. No entanto, em cada livro há muitas outras variedades para o professor em seu trabalho.

LIVRO	TIPO DE BRINCADEIRA
São Paulo (Estado) Secretaria da Educação Coordenadoria de Estudos e Normas Pedagógicas. - *Atividades para o ciclo básico*. São Paulo. SE/CENP, 1993.	Brincadeiras com corda Brincadeiras de roda Brincadeiras de perseguição
São Paulo (Estado) Secretaria da Educação Coordenadoria de Estudos e Normas Pedagógicas. *Atividades para 3ª e 4ª séries do 1º Grau*. São Paulo: SE/CENP, 1993.	Brincadeiras com corda Brincadeiras de roda Brincadeiras com bola
Garcia, Rose M. R. e Marques, Lilian A. B. *Brincadeiras cantadas*. Porto Alegre: Kuarup, 1992.	Brincadeiras de roda
[13] Novaes, Iris Costa *Brincando de roda*. Rio de Janeiro: Agir, 1994.	Brincadeiras de roda
[3] *Brinque-Book: Joga bola de gude*. Tradução de Gilda T. R. de Aquino. Rio de Janeiro: Brinque-Book, 1990.	Bola de gude
[6] Freire, João Batista *Educação de corpo inteiro – teoria e prática da educação física*. São Paulo: Scipione, 1994.	Amarelinha Brincadeiras com corda Brincadeiras com bola Brincadeiras de perseguição
[9] Garcia, Rose M. R. e Marques, Lilian A. B. *Jogos e passeios infantis*. Porto Alegre: Kuarup, 1991.	Amarelinha Bola de gude Brincadeiras de roda Brincadeiras com bola Brincadeiras de perseguição

Referências Bibliográficas

BERTALOT, L. *Criança querida, o dia a dia da alfabetização*. São Paulo: Antroposófica, 1995.
BRENELLI, Rosely Palermo. *O jogo como espaço para pensar: a construção de noções lógicas e aritméticas*. Campinas: Papirus, 1996.
Brinque-Book: Joga bola de gude. Tradução de Gilda T. R. de Aquino. Rio de Janeiro: Brinque-Book, 1990.
BROICH, J. *Jogos para crianças*. São Paulo: Edições Loyola, 1996.
CHATEAU, J. *O jogo e a criança*. São Paulo: Summus, 1987.
COLL, C. Aprendizagem escolar e construção do conhecimento. Porto Alegre: Artmed, 1994.
DEHEINZELIN, M. *A fome com a vontade de comer*. Rio de Janeiro: Editora Vozes, 1994.
FREIRE, J.B. *Educação de corpo inteiro – teoria e prática da educação física*. São Paulo: Scipione, 1994.
FRIEDMANN, A. *Brincar, crescer e aprender – o resgate do jogo infantil*. São Paulo: Moderna, 1996.
_____. *A arte de brincar*, São Paulo: Scritta, 1995.
GARCIA, R.M.R. e MARQUES, Lilian A. B. *Brincadeiras cantadas*. Porto Alegre: Kuarup, 1992.
_____. *Brincadeiras infantis*. Porto Alegre: Kuarup, 1991.
IGNÁCIO, R.K. *Criança querida, o dia a dia das creches e jardim de infância*. São Paulo: Antroposófica, 1995.
KAMII, C.; DEVRIES, R. *Jogos em grupo na educação infantil: implicações da teoria de Piaget*. São Paulo: Trajetória Cultural, 1991.
KAMII, C.; DECLARK, G. *Reiventando a aritmética: implicações da teoria de Piaget*. Campinas: Papirus, 1986.
KIS HIMOTO, T.M. (org.) O brincar e suas teorias. São Paulo: Pioneira, 1998.
NOVAES, I.C. *Brincando de roda*. Rio de Janeiro: Agir, 1994.
PILLAR, Analice Dutra. *Desenho e escrita como sistemas de representação*. Porto Alegre: Artes Médicas, 1996.
Revista Nova Escola, número 21 – maio de 1988.
Revista Nova Escola, número 59 – agosto de 1992.
Revista Nova Escola, número 66 – agosto de 1993.
São Paulo (Estado) Secretaria da Educação Coordenadoria de Estudos e Normas Pedagógicas. *Atividades para o ciclo básico*. São Paulo: SE/CENP, 1993.
São Paulo (Estado) Secretaria da Educação Coordenadoria de Estudos de Normas Pedagógicas. *Atividade para 3^a e 4ª séries do 1° Grau*. São Paulo: SE/CENP, 1993.
SIMON & BUILDING, S. *Pentagames*. New York: A Fireside Book, 1990.
SMOLE, K.C.S. *A matemática na educação infantil*. Porto Alegre: Artes Médicas, 1996.
VYGOTSKY, L. S. & Cols. *Linguagem, desenvolvimento e aprendizagem*. São Paulo: Ícone Editora.